U0175955

掘金宇宙

太空工业与人类的新机遇

[美]

（Alastair Storm Browne）

阿拉斯泰尔·斯托姆·布朗

（Maryann Karinch）

玛丽安·卡琳奇 ——— 著

黄海 ——————— 译

中国科学技术出版社

·北 京·

Cosmic Careers: Exploring the Universe of Opportunities in the Space Industries
Published by arrangement with HarperCollins Leadership, a division of HarperCollins Focus, LLC.
Copyright © Alastair Storm Browne and Maryann Karinch 2021.
Simplified Chinese translation copyright © 2022 by China Science and Technology Press Co., Ltd.
All rights reserved.
北京市版权局著作权合同登记　图字：01-2022-4200。

图书在版编目（CIP）数据

掘金宇宙：太空工业与人类的新机遇 /（美）阿拉斯泰尔·斯托姆·布朗,（美）玛丽安·卡琳奇著；黄海译 . — 北京：中国科学技术出版社，2022.9
书名原文：Cosmic Careers: Exploring the Universe of Opportunities in the Space Industries

ISBN 978-7-5046-9659-5

Ⅰ . ①掘… Ⅱ . ①阿… ②玛… ③黄… Ⅲ . ①空间探索 – 普及读物 Ⅳ . ①V11-49

中国版本图书馆 CIP 数据核字（2022）第 112885 号

策划编辑	申永刚　刘　畅　刘颖洁
责任编辑	申永刚
版式设计	蚂蚁设计
封面设计	仙境设计
责任校对	焦　宁
责任印制	李晓霖

出　　版	中国科学技术出版社
发　　行	中国科学技术出版社有限公司发行部
地　　址	北京市海淀区中关村南大街 16 号
邮　　编	100081
发行电话	010-62173865
传　　真	010-62173081
网　　址	http://www.cspbooks.com.cn

开　　本	880mm×1230mm　1/32
字　　数	168 千字
印　　张	8.5
版　　次	2022 年 9 月第 1 版
印　　次	2022 年 9 月第 1 次印刷
印　　刷	北京盛通印刷股份有限公司
书　　号	ISBN 978-7-5046-9659-5/V·85
定　　价	79.00 元

致童年好友、投资者、KVH 通信（KVH Industries）联合创始人罗伯特·基茨·范海宁根（Robert Kits van Heyningen）。他向我们展示了发掘自身全部潜力的人能达到怎样的境界。他是我们所有人的榜样。

——阿拉斯泰尔

致吉姆·麦考密克（Jim McCormick），是他每天为我提供信息和灵感。

——玛丽安

作者寄语

地球（Earth）、月亮（Moon）和火星（Mars），三个英文单词的首字母我们用了大写，赋予了它们专有名称。我们认为，任何人类社群能居住的地方，在语法上都应该受到尊重。

毫不夸张地讲，我们俩每天都会收到与太空探索相关的新事件或是新发现的消息。这体现了我们人类在太空中前进的速度，也是我们没法在本书中囊括与本书主题相关所有最新消息的原因。商业用途的火箭发射、对于最新研发项目的资助、航天局的公告——知识和经验之风在我们所有人身边呼啸而过。

目　录

绪论　过去、现在和未来

1947年10月，由查理·"查克"·叶格（Charles "Chuck" Yeager）上尉驾驶的火箭引擎飞机"迷人的葛兰妮号"（Glamorous Glennis）划破天际。这次飞行标志着第一批现代航天领域工作者取得了成功，这些工作者包括科学家、工程师、技术人员、管理人员、飞行员和"平凡"的工人。从某种意义上讲他们是如此的平凡，因为他们在工具和机器方面的技能可以在任何制造厂中得到应用。但他们又是如此的非凡，因为他们的工作质量会带来反差极大的后果：成功或是惨剧，生或死。

在所有太空计划中，成就最高的无疑是阿波罗登月计划。仿佛全人类都跳进了时空机器然后瞥见了未来。从1961年肯尼迪总统发起动议，到1969年首次登月，数以千计的科学家、工程师、技术人员、管理人员、飞行员和非凡的工人付出了巨大的努力来完成这一壮举。超过30万名技术人员在8年间献身于登月计划并且最终成功将尼尔·阿姆斯特朗（Neil Armstrong）和巴兹·奥尔德林（Buzz Aldrin）送上了月球表面。[1]

然而，登月计划不只是一项技术上的成就。美国国家航空航天局（NASA）及其宇航员们激励了一代又一代的人投身于能够改变和提升我们生活的职业当中。他们通过阿波罗登月计划，发展出了各种新技术并展开了无数的新探索，让我们有了更强烈的动力向前进发。他们的创新提高了人类探索太空的能力，也创造了更多的航空航天就业机会。许多受登月计划激励的人为本书的创作做出了贡献，他们希望他们对太空的探索能够具有感染力。

但是，单靠灵感无法让我们登上月球和火星，这些活动都需要资金。在阿波罗计划之后，美国政府决定削减星际探索的资金，转而将其用于地球上的事务。我们并没能冲进太空，反而是艰难地在这条道路上前行。

在阿波罗计划之后，太空计划的规模逐步缩小，最后只剩下了天空实验室（Skylab）、阿波罗-联盟测试计划（Apollo-Soyuz）和航天飞机。幸运的是，我们从来没有完全放弃过太空。国际空间站（ISS）仍在运行和维护，材料加工和生命科学方面的实验也依然在进行着。虽然航天飞机计划结束了，但俄罗斯仍然不断地将宇航员送进国际空间站，美国的私营太空运输公司也开始接替航天飞机，中国也派出了"玉兔二号"月球车前往月球背面执行探索任务。

几十年前，如果美国没有放弃对太空的探索，没有终止对长期计划的支持，我们现在可能已经登上火星了。但本书想表达的并不是对过去的遗憾，而是对未来的期望。我们现在真的在前往火星的路上，这需要大量的人才和浓厚的兴趣才能实现。我们需要新一代的人去想象各种可能性并因此而创新。

一点相关历史

抛开其他国家不提，单纯说美国，可以说所有的延误和不足都不是美国国家航空航天局造成的。美国从来就没有实行过太空领域相关的前沿政策——美国国家航空航天局也只能在政府的授权之下行事。阿波罗计划只是追求在20世纪60年代结束前，比苏联更早实现"让一个人登上月球并安全返回地球"的目标，仅此而已。在这之后，美国政府面临着越南战争和水门事件丑闻的问题，只得将太空计划置于次要地位。

实际上，在"阿波罗11号"登陆月球表面的两年前，美国的太空计划就开始走下坡路了。在著名的登月竞赛期间，华盛顿的许多政客内心都充满担忧。美国政客们认为，如果苏联人先抵达月球，他们可能就会将整个月球视为己物，并在其上建立一个可能威胁地球的军事基地。

林登·约翰逊（Lyndon B. Johnson）政府的成员提出了一项条约，禁止任何国家将月球以及任何天体据为己有和进行军事化，并将条约提交给了联合国。

这就是《关于各国探索和利用包括月球和其他天体的外层空间活动所应遵守原则的条约》（*Treaty on Principles Governing the Activities of States in the Exploration and Use of Outer Space, Including the Moon and Other Celestial Bodies*），简称《外空条约》（*Outer*

Space Treaty）；其中规定了月球和其他行星、小行星可被用于和平目的，但是任何国家都不能拥有这些天体的所有权。

在1967年，美国签署了该条约，紧接着签署条约的是苏联。到2019年6月为止，一共有109个国家加入了该条约。在1967年10月条约生效之前，全世界都担忧会有某一个国家独霸月球或者其他天体，这份条约让人们终于松了口气。[1966年该条约成型，同年派拉蒙推出了《星际迷航：原初系列》（*Star Trek: The Original Series*）电视剧以及其中以和平为导向的"星际联邦"，这可能并非巧合。]

但是，林登·约翰逊政府决定牺牲太空计划，将联邦预算投入另外两个用途之中："伟大社会"（Great Society）和越南战争。

尼克松政府时期，"阿波罗11号"终于登上了月球。从公关角度来看，尼克松别无选择。肯尼迪总统向自己的美国同胞们做出了令人振奋的承诺，也因此一直深受爱戴。当时的美国深陷越南战争的泥潭，美国人民也生活在冷战带来的阴霾之下。美国需要登月计划的胜利来重建统一且积极的社会氛围。

在6次航天飞行后，天空实验室于1973年建成。"阿波罗20号"的发射计划于1970年1月被取消，而原本作为其运载工具的"土星5号"（Saturn V）火箭的第三级箭体被改造为空间站主体。由于预算缩减，"阿波罗18号"和"阿波罗19号"都于1970

年9月被取消。

"阿波罗11号"成功登上月球，激发了人们的想象。许多提案浮出水面，美国国家航空航天局也确实表现出了兴趣。多个版本的阿波罗应用计划映入了美国国家航空航天局的眼帘。在首次登月后，一份名为《太空任务组报告——1969》（*Report of the Space Task Group—1969*）的文件引发了大量的讨论。

发布该报告是为了争取到更进一步探索太空的机会，包括进军火星，但尼克松对此并不感兴趣。

还有人想使用阿波罗计划的硬件设施（"土星号"火箭、登月舱的高级版本以及月球车）向月球发射太空基地并最终让6位宇航员在其中生活6个月，即阿波罗应用计划，但尼克松还是不感兴趣。他并不想取消太空计划，但他确实不愿意将联邦预算优先投入太空计划当中。这使得太空计划的资金变得更拮据。之前提出的阿波罗应用计划最终催生出天空实验室和阿波罗-联盟测试计划。

有更大抱负的太空任务组提案最终确实催生出航天飞机以及之后的国际空间站，但并非按原提案执行。尼克松同意了航天飞机计划，这也是继肯尼迪登月计划后属于他自己的计划。然后是1984年罗纳德·里根（Ronald Reagan）总统下令建造空间站，之后又过了20年空间站才能支持宇航员长期驻留。

按照最优的"后阿波罗计划"提案的设想，美国将会建造一架更大的航天飞机。这架航天飞机完全可以重复使用，它将包含两级火箭，二级火箭进入近地轨道（Low Earth Orbit，LEO）而一级助推火箭则自己返回地球。接下来的一步就是空间站，这个预想中的太空站比现在的国际空间站更大；它不仅可以用作中转站，人们在上面也会进行材料加工、生命科学和天文学研究的实验，最终可以容纳50人。这个空间站作为中转站的功能则是将宇航员转入另一艘飞船前往月球轨道空间站。到达月球轨道空间站后，宇航员登上另一艘飞船登上月球表面，最终到达月面居住设施。整个计划可以切分为多个部分，全部由美国国家航空航天局完成：同时建造一架航天飞机、两个空间站、多个登月飞船和一个月球基地。

还有一个名为"阿波罗X"的阿波罗应用计划。其实这个计划很简单，用"土星5号"将居住设施送达月面，然后由阿波罗载人飞船利用先进登月舱将宇航员直接送往月球。每隔6个月将一辆月球车送往居住设施。最终，将有6位宇航员驻扎。居住设施还有其他的用途，比如为宇航员搭乘载人飞船飞越金星做准备。

无论选择两者中的哪个计划，上述的工作都将在20世纪70年代完成；到了20世纪80年代，我们可能已经到达火星了。

是有其他原因导致这些计划被推迟了吗？如果尼克松对太空更加有野心，并且在1969年支持了太空任务组或是阿波罗应用计划，会发生什么呢？我们现在会在太空中走得更远吗？我们也许会有这样的假想。但是，阿拉斯泰尔在2012年的国际太空开发会议和一位专家交流了一下，不久后又与空间前沿基金会的瑞克·汤姆林森（Rick Tumlinson）交流过，最后得出了结论：除了政治因素以外，还有其他多方面因素阻碍了探索火星的计划。

不管是1969年的太空任务组还是阿波罗应用计划，就算按照原定计划执行，也有相当的可能性会失败，尤其是太空任务组的提案。有以下两点原因：第一，在"阿波罗17号"的飞行结束后，公众对太空探索失去了兴趣；第二，这两个项目的成本将是令人瞠目结舌的，美国审计总署和民众将不会支持这种面向未来的劳民伤财的项目。

先从航天飞机说起吧。按照原定计划，航天飞机将是现有航天飞机的两倍大。为此，美国国家航空航天局向美国审计总署申请了100亿美元的经费。美国审计总署最后答应了拨款50亿美元，所以我们有了现在的航天飞机。

原来拟定建造的空间站或空间中转站，会比国际空间站大得多，能支持50位宇航员驻扎，也将花多得多的钱。还记得当年国际空间站原本的预算是80亿美元，但最后逐步上升到1000亿美元吗？不同的部件由不同的公司制造，但是随着成本高启，美国国家航空航天局不得不改变计划，来让更多国家加入该项目——其间，美国国会不断缩减预算，推迟完成工期。对于原来拟定建造的中转站而言，它所遇到的生产、发射和组装问题会和国际空间站一样棘手，甚至可能更加麻烦（别忘了还有月球空间站和两艘登月飞船，等等）。

至于月球基地，假设我们真能走到那一步，那么资金就会像倒进了无底洞一样，登月飞船和基地部件的成本会越来越高，并且会由不同的公司制造，因为人人都想从中分一杯羹。如果建成了，将有多少宇航员驻扎，他们又会进行什么样的工作呢？如果要容纳6~12人，政府会无限期地支持下去吗？如果支持的话，联邦预算中的资金就会继续投入这项事业中，而且成本会逐年增加。然后国会将开始削减资金，并且会把这个基地和其他联邦计划放在一起进行严肃的辩论。国会不会容忍这项计划，美国的纳税人也不会。

最有可能的是，无论选择哪种方案，都早就会被国会或者尼克松之后的总统取消掉。即便辩论结果是拨款支持一个小型月球基地，这份资金最后也会枯竭。也别忘了发射成本，尤其是"土星5号"，它当时是最好的重型运载火箭，非常贵。火箭的一些零件甚至是手工制作的。一枚"土星5号"火箭的建造和发射成本加在一起，放在2020年会是15亿美元。阿波罗计划开始后，政府又能为其他充满野心的项目投入多少资金呢？

成本很重要，无论是美国政府还是美国人民，都无法长期容忍高成本投入。开支被缩减后，私营企业也就不会在20世纪70年代介入这个领域。试问：你是否会把自己公司的资金投入到无法赢利的项目中？所以才会有今天的局面。换言之，就算实行这两个计划，也不会带来任何区别。

当下的计划

实际上，现在近地轨道正被私营企业接手。国际空间站得到了各国的支持，各国政府资助的飞船仍在被派往空间站，但是私营太空运输系统最终将催生出用于旅游和其他用途的私营空间站。近地轨道很快就会被不同的企业挤满。

接着是月球轨道和拉格朗日点（LaGrange points），从L1和L2点开始，然后是近地小行星。这时候，我们会希望停下脚步开始建造基础设施。人类可能在各种基础设施完工前就前往火星，但在那之前在火星上长期停留将是个愚蠢的决定。

我们应该重新构建太空行动的管理方式。首先，其中许多职能应该由其他政府部门和私营企业接手。也就是说，气象卫星的运行应该转交给美国国家海洋和大气管理局（National Oceanic and Atmospheric Administration），所有近地轨道的运输都应该交给私营企业。

美国国家航空航天局和政府的职能最终应该如下：

● 长期研究，尤其是私企无法独立承担的基础性研究；

● 非营利性质的研究；

- 深空探索；
- 由美国国家航空航天局在不交出控制权的情况下出租太空。

开放太空前沿，依靠高薪和劳动保障来培养大量太空工作者。这其中涉及的以下三个实体应当是平等的合作伙伴的关系而非有高低主次之分：

- 政府；
- 私人企业；
- 专业组织，包括劳工团体。

政府的角色是催化剂、啦啦队长、立法者、执法者以及和平的守护者。

许多人，包括科学家和政治家，都在争论有关太空的愿景。一些人认为机器人可以更好地进行行星探索。其他人认为探索月球是一条死胡同；他们认为如果我们在月球上定居，我们将永远不会冒险前往火星和其他行星，而阿波罗计划已经成功让我们登月了。

这些人并没有抓住重点！如果我们探索月球并在其上定居，然后利用其上的资源——这局面肯定会出现，那我们也一定会前往火星、小行星和更遥远的世界。我们人类是天生的探险家，在月球上立足后，我们肯定会想要在太空中进一步拓展。对于欣赏"世界就是我们的教室"（*schola munda est*）这句格言的人来说，每当人类和机器人向地球外迈出脚步时，他们的教室都会变得更大。

展望未来

我们将通过建立定居点和开发月球资源来建立我们的第一个地外文明，我们将从近地小行星上开采资源。随着月球定居点的发展，越来越多的人将移居月球。他们中的许多人拥有驾驶、修路、烹饪等日常技能，唯一不同的是，他们希望在地外环境下工作。

现在已经有关于绕过月球直接前往火星的讨论了。正反方的论据是其他书的主题：本书只会简单涉及一下这些内容。如果读者愿意的话，我们将通过缓慢但稳定的方法带您去求职。通过有关工业、大学和政府项目的故事，我们可以了解地球、近地轨道和附近天体（比如月球）上的太空职业。我们会有建设前往月球的基础设施的想法，目的是建立定居点然后前往火星。

第一步是在地球轨道上建立一个空间站，其唯一目的就是将人员和设备从地球轨道转移到月球。现有的国际空间站不足以完成这项工作，因为它本就是多用途的，成本太高，人员和物资的转移会干扰到目前的运作。在本书的后面，我们将单独介绍中转站和月球运输系统的组成部分。

在月球上建造基地的过程应当是简单且廉价的，而且应该从派驻6～12人的考察队开始——工作繁重且会感到孤独，但可能是高薪的工作。然后，我们将其扩展为一个涉及更多人的更复杂的系统。基地最开始会更具有实验性质，在上面建造居住设施并生产食物。为了让这样的基地能够运作，最开始会有实验室，来分析和试验月球资源：土壤、岩石、冰和矿物。

我们将遵从原位资源利用这一概念，即利用月球资源，在月球表面生产建筑材料来扩展居住设施，并开发新产品进行销售赢利。因为月球的重力只有地球的六分之一，这会使成品更加纯净，因为在这种环境下各种元素更容易混合在一起。

然后，通过对原位资源利用这一概念的贯彻执行，月球经济将会得到发展。这时候，商业和学术（大学）等私营部门都会希望更多地参与进来。一旦月球资源可供利用，利益近在眼前，商业实体就会有更强的投资动力。

再然后，月球定居点将会拓展出更多的居住设施、实验室和制造设施，这些都将由私营部门掏腰包，但也会由各国政府补贴，至少最开始的一段时间内会是这样的。当盈利足够多时，这些定居点将有能力自己进行拓展。基地进化为定居地，最后演变为资金和技术上都完全自给的城市。

除了在月球上建立社会，近地小行星也将被开采，为地球和太空居住设施提供所需的原料。实际上，现在的公司正在提议用机器人开采小行星。他们最终的成果将与我们在月球上所做的事情相辅相成。

开采小行星和在月球定居采矿可以同时进行。从天体中提取和加工资源可能是第一个与探索太空相关的可实现盈利的行业，也有助于月球定居点迈出第一步。

是的，在这本书中，我们正在放眼于火星。无论是技术人士还是非技术人士，无论是拥有博士学位还是拥有高中学历的人，都能得到令人兴奋且有利可图的机会。而这机会就是我们在迈向火星的过程中所进行的无数活动所带来的。

第一部分

势在必行

第1章　触手可及的承诺

又一个平凡的日子开始了。麦克拿起装备走向了控制室。这一班次的人都到齐了。没人生病，也没人受伤，因为除了麦克以外的"每个人"都是机器人。

这幅工作画面可以是在描绘墨西哥湾的海上钻井平台上的某个工作日，也可以是在描绘在小行星上提取水和贵金属的一个工作日。无论是哪种情况，麦克都是在极端环境下做一份有点危险的工作然后赚着大钱。他和团队中其他四个人每次都会离家一个月，住在系在小行星上方的相当舒适的设施中。他喜欢他生活中的悖论：每天的磨炼都是一次伟大的冒险。两名组员在安装新系统，另外两名组员和麦克轮班协调机器人的工作，这些机器人负责钻探、挖掘、收集、分析和处理资源。他们靠得相当近，以避免与机器人通信时出现信号延迟问题。

近地太空工业最终会将这份悖论摆在所有有技能有胆量的高学历人才面前。他们所做的工作将为地外定居点提供水和材料等资源，并将镍、铱、钯、铂、金、镁、锇、钌和铑等贵金属带回地球。

最后三种元素很少有人知道，但是和其他几种元素一样，你每天都能看见它们。锇于1803年被发现，用于制造非常硬的合金，比如圆珠笔和电触点中的合金。钌是1844年被发现的，现在用于制造太阳能电池，将光能转化为电能。铑是1803年被发现的另一种元素，你很可能会见过含有铑元素的熔炉线圈和飞机火花塞的电极。

2019年的一份《华尔街日报》（*Wall Street Journal*）上关于中美贸易摩擦的文章提道：

中美贸易谈判的重点是制造业，但美国谈判代表似乎忽视了中国在原材料领域逐渐取得支配地位，这对两国的安全和生活水平至关重要……

中国现在掌握着所有16种具有战略价值的稀土金属供应。[1]

要点很明确。以猪肉、大豆和钢铁为重点的贸易摩擦掩盖了另一场重要的贸易摩擦，而这场被掩盖的贸易摩擦可能是西方经济未来的关键。西方要想赢得这场竞争，要么得合作谈判，要么得开发小行星和月球等近地天体。

我们可以在小行星和月球上开采到的矿物能变成奢侈的珠宝，也能成为汽车中的催化转换器。这些矿物已经成为我们地球经济的一部分了。不只是我们喜欢这些矿物那么简单，它们还是我们日常生活的基石。我们需要它们来为世界各地提供干净的水和在成本上可接受的交通服务。

　　虽然航天工业的技术进步速度很快，但是本章开头所描述的那种采矿画面仍然是一种对未来的美好幻想。必须先有对太空活动具有更深远认识的公司成型并取得发展后，人类才有可能通过小行星或月球矿业获得回报。也正是这类航天公司，不管是成熟的还是初创的，赢得了本书的关注。这些公司的工作是2035年或2040年太空活动的基石。到那时，我们可能开始开采天体并将月球上的定居点开发成人类的永久家园。

　　到这个节点后，所有好奇的人都会想知道开采小行星是否可行，因为它是零重力天体，机器人和人类都不能像在月球上那样活动（具体方法请见第6章）。不过，还有一个挑战：小行星的运动远比月球更无章法，因此开采的第一步是稳定小行星的位置。一种可行的解决方案是利用地月之间的拉格朗日平衡点，在那些位置上，月球引起的震荡模式将是有章可循的。

　　月球绕地球公转的轨道上一共有5个平衡点（见第6章的图6-1），在这几个点上引力和离心力在旋转中保持着平衡。这种平衡就和地月或是日地之间的平衡是一样的。处于这些位置的物体往往能花费最少的能量维持在该处。

　　L4和L5轨道是稳定待开采小行星的理想位置。而L1和L2轨道将是登月飞船的中转站或是月球资源大型捕集器的理想位置。正如尼尔·德格拉斯·泰森（Neil de Grasse Tyson）在他的《太空编年史》（*Space Chronicles*）中写到的一样："对，月球是目的地，火星是目的地。但拉格朗日点也是目的地。"[2]小行星可以被利用并被当成卫星一样。美国国家航空航天局实现这一目标的愿景涉及了机器人任务（在第6章中也有更详细的探讨）。

财务动因和人文结果

阿波罗登月计划也许是人类最伟大的成就之一。但问题是，它是由一个政府构想和管理的，这个政府只是想让它成为地球上最引人注目的表演而已。这个计划反映出一个财政供养的庞大臃肿的太空官僚机构虽然能产生附带的技术价值，但它的计划比现实的目标多了一份奢望和无知，不够脚踏实地。

如果科学家们当时就和我们现在所想的一样，那么这场伟大的探险将成为一条直接获利的途径。如果它能改善数十亿人的生活，那自然无可指摘。但是阿波罗计划进行时，我们不知道近地天体能以矿物的形式提供巨大的财富。月球目前也蕴含着价值数万亿美元的矿物。

商业太空探索具有扩大经济规模的巨大潜力，因为它能提供许多国家迫切需要的资源，使大量人口脱贫。这不是乌托邦式的幻想，而是一种现实的愿景。一些人能够赚很多钱，而另一些本来一无所有的人也能拥有许多东西，比如水、暖气，并且他们能够经济实惠地得到这些必需品。

这并不一定意味着我们能避免为争夺资源而掀起的战争，比如我们为争夺化石燃料和其他珍贵矿物而发起过的战争。但这样的发展可能意味着争夺资源的战争发生的概率更低。

如果你们本来在操场上争抢糖果，这时一车瓶装花生酱掉进了操场，那你们的目标就会发生改变。

丰富的资源只是让我们普通人（而非宇航员）涉足小行星和月球，并在其上建造用于生活和工作的空间站的理由之一。我们还列出了其他几个主要原因，如寻求定居点、科研、生产和获取利润的需求。在本章中，我们会举例介绍关于这几个领域的活动是如何成形的。

定居点

在电影《极乐空间》（*Elysium*）中，一个空间站拥有先进的技术，为地球上的权贵们提供了一个"完美"的家。可以预见的是，冲突将最终导致地球上人类文明的崩溃，而人们也不计一切代价前往空间站。

好消息是：像埃隆·马斯克（Elon Musk）、杰夫·贝索斯（Jeff Bezos）或是理查德·布兰森（Richard Branson）这些所谓的太空大亨们，都和朱迪·福斯特（Jodie Foster）在《极乐空间》中扮演的大反派有很大区别。换句话说，他们并没有打算为富人们设计并维持一个用于逃跑的居住设施。虽说富人的确会成为第一批太空游客（我们将在第8章中探讨这一现象），但他们的冒险意识以及他们为太空企业家创造利润的能力对我们所有人来说可能是一件好事。

而坏消息是：电影故事中所描述的即将分崩离析的文明确实是我们的未来。我们生活在地球上一个有限的系统中，人口不断增长，我们也不断消耗着有限的资源来维持所谓的发达国家的高水平生活。人类趋向于不断增长人口、占用土地、生产、浪费、开发和消耗资源。无论如何，这一切必须结束，否则社会将崩溃。即便我们能够从天体中提取我们所需的资源，我们仍然会面对人口不断增长的问题。而像《极乐空间》中那样的人造近地轨道空间站、月球和之后的火星也能帮助我们缓解地球的拥挤。

迈向太空居住设施的第一步可能是本章开头所描绘的那种环境，即类似于海上钻井平台那样的临时住所。这并不完全算是一个定居点，但这是人类适应太空前沿环境的第一步。在那之后，我们会将类似于军用即食口粮的东西带上飞船维持生命。我们将必须解决人类得以生存的基础需求：食物、衣服和住所。这些维持了我们的生存，也可以让我们的生活更有乐趣。

当然，我们目前还不能推断出月球或火星上的第一批住民会吃什么、穿什么或者睡在哪里。但是，我们确实能够依据现有基础来进行预测。我们了解关于定居点早期阶段的研究、发明和各种建议。

在帮助航天机构和公司解决地外环境中人类的食物、衣服和住所方面的挑战时，最为突出的实际上是表面上与航空航天领域无关的创造性思维。在本章和其他章节中，我们还将研究具有基本日常生活技能的人，他们在我们进入太空后会在生存方面发挥至关重要的作用——比如叉车操作员、裁缝和理疗师。

食物

你有望在月球上的自己的家中酿造啤酒，但实际上你只会期待吃到真正的汉堡（本章后面的研究部分将详细介绍啤酒）。在太空种植植物、制造水、将尿液回收净化成可饮用的液体，这些都是合乎逻辑且并不让人感到陌生的事情，但是没有人能列出充分的理由让太空飞船运送牛群。

1964年，瑞士的新陈代谢专家马克斯·克莱伯（Max Kleiber）在美国国家航空航天局举行关于宇航员在太空的营养和排泄物问题的专题会议时告诉参会人员，对于想吃肉的宇航员而言，哪种动物比牛更可取：

将体重500千克（1102磅①）的一头牛带上太空，它能提供7.4兆卡的食物，这足够两个人甚至三个人吃。而总重74千克（163磅）的296只大鼠或是总重42千克（93磅）的1700只小鼠就能提供

---

① 1磅≈0.454千克。——译者注

一头牛所能提供的营养。

当重量很重要时（越轻越好），宇航员应该吃炖老鼠而不是牛排。[3]

美国国家航空航天局选择资助将人类粪便回收为食物的研究而非支持开发炖老鼠的食谱。2018年，宾夕法尼亚州立大学的研究人员宣布，他们开发出了一种回收系统，这个系统利用粪便培育可食用的细菌——它们的生物反应能将人类的固体排泄物分解成盐和甲烷气体。细菌以气体为食，形成富含蛋白质的糊状物。

在1964年的会议上，除了克莱伯提出的“老鼠论”，专家们还讨论了如何依靠种植植物来长期为太空旅行者提供食物。他们探讨了种植藻类、莴苣和大白菜的可能性。在两年半后，威斯康星大学的园艺学教授西奥多·蒂比茨（Theodore Tibbitts）帮助美国国家航空航天局取得了一项重大突破——豆类种植。

在20世纪60年代早期，蒂比茨密切关注着美国国家航空航天局的太空发射时间表。每当水星载人飞船（Mercury）或是双子星载人飞船（Gemini）升空时，他就会带上一家人守在黑白电视前看着宇航员飞入太空。虽然他是一位研究烟草、生菜和豆类的植物科学家，而且专长是研究卷心莴苣，大部分时间里他都在威斯康星州的泥炭地里帮农民提高产量，但他对太空有着非常浓厚的兴趣。

　　1965 年，美国国家航空航天局宣布，作为登月计划的一部分，他们将尝试在太空中种植植物并拍摄植物的生长过程。他们想在近地轨道实验室中验证 1964 年会议中大家的推测。

　　美国国家航空航天局的行动涉及生物卫星，他们与洛杉矶的北美航空公司合作，开始寻找园艺专家合作进行该项目。在外太空培育并拍摄植物的生长过程并非易事，由于处于失重状态，土壤会飘浮，水会变成飘浮的水滴。很巧的是，蒂比茨正要休第一个学院轮休假。他申请参与生物卫星项目，美国国家航空航天局同意了。1965 年，蒂比茨搬到洛杉矶的太平洋帕利塞德市，他在那待了一年，帮助美国国家航空航天局开发第一个装着豆类飞上太空的航天器，并用电影摄像机记录它们是否会生长、如何生长。

　　在加利福尼亚帮助美国国家航空航天局开发豆类培育系统一年后，蒂比茨回到了威斯康星大学。然后，在 1966 年 12 月 14 日，美国国家航空航天局发射了"生物卫星 1 号"并证明了植物可以在太空中生长。该实验还揭示了一个独特的现象：尽管没有白天和黑夜之分，豆叶还是会随着日落和日出的节奏而摆动。通过延时摄影可以观察到，豆叶会在零重力环境下轻快地摆动，就像是在游行中欢快挥手示意的公主一样。

　　紧接着的是 1967 年 9 月发射的"生物卫星 2 号"，蒂比茨发现自己已经成为一名太空植物学家，他也越来越想要参与到更多的太空飞行之中。这份热情的表现方式也十分不寻常。在他第一次乘坐波音747飞往洛杉矶进行进一步研究时，飞机遭遇了猛烈的湍流。虽然空乘人员警告说"系好安全带，不要离开座位"，但他却悄悄对自己十岁的儿子斯科特说："跟我来，他们不会看见我们的！"然后，他解开安全带，带着儿子偷偷溜到飞机的后部厨房待在别人看不见的地方，等待乱流使飞机急速下降。他们俩抓住飞机下降的时机跳了起来，得以在厨房里飘浮一两秒钟，体验失重的感觉。"只是想体验一下宇航员的感觉。"斯科特给我们讲了他小时候的这个故事，而他也投身了太空事业，这个故事正与火星有关。[4]

在飞机上这一跳的30年后，西奥多·蒂比茨仍在与宇航员们肩并肩工作着。

在1988年，威斯康星大学园艺系西奥多·蒂比领导的团队发表了一篇名为《太空中种植土豆的栽培体系》（*Cultural Systems for Growing Potatoes in Space*）的论文。如果你读过或者看过《火星救援》（*The Martian*），那么你可以认为马特·达蒙（Matt Damon）在电影中的火星求生的理论基础就是由蒂比茨提出的。《火星救援》一书的作者安迪·威尔（Andy Weir）理解了蒂比茨在论文中所阐述的内容并精准地对其进行了戏剧化改编，阐明了在其他天体上居住的人们是如何重新思考食物的培育种植事宜，又有哪些作物可以培育出来：

有必要回收所有不可使用的植物部位和所有人类排泄物以便重复利用全部化合物元素。马铃薯是最理想的作物之一，因为它们产量极高，每公顷田间种植产量超过100吨；以干重计算，可食用块茎富含可消化淀粉（70%）和蛋白质（10%）；可食用块茎占植物总重高达80%；很容易利用块茎和组织来进行培养；在被食用前，块茎加工过程最简单；马铃薯可以制成不同的形态以供食用。[5]

所以，如果你想加入到太空探索中，那么园艺学可以加入你的职业技能学习清单中了。

但是，太空土豆学家只是园艺/农业团队成员的一部分，另外还应包括翻斗式装载机和水提取设备的操作员。使用装载机等重型设备的培训将在劳工培训学校进行，而从事抽水作业的人员可能包括了工程师、技工和劳工。

还需要考虑的是，操作和修理重型器械的劳工为了要在天体上进行操作，需要更多的培训。熟悉月球土壤和冰冻小行星的人需要为那些在培训学校教授翻斗式装载机操作技巧的人提供指导。机械师需要在低重力环境中进行维修的培训和实践。我们甚至还要考虑重新设计和改装装载机，使其能在新的环境中发挥作用。

当然，团队中每个成员面临的挑战都会随着所处环境不同而发生改变。如果目标是种植庄稼，那任务就是找到水资源。月球表面存在着微量的水，但是水和冰可能存在于月球两极寒冷阴暗的陨石坑中。总的来说，我们所知道的小行星提供了大量的水。在这些太空岩石中，散布着4 000亿～12 000亿升的水。然后说说火星。火星表层土壤是最干燥的，据估计，在更深的地层中，火星土壤的平均含水量至少为3%。在有恰当设备的时候，生存所需的水和氧气都可以从火星土壤中提取。

首先，团队的成员必须挖掘黏土矿物、冰或者两者的混合物（永久冻土）。冰在温度极低时非常坚固，永久冻土是难以挖掘的。

其次，团队成员需要将挖掘出的材料升至高温以释放出水分。如果他们开采极地冰块，那么会非常容易，但是在极地冰盖和其附近建立定居点毫无意义（至少现在看来是这样的），因此团队成员必须将精力集中在从黏土或水合盐中提取水这一艰巨任务上。

要想提取水资源，我们只需进行加热。翻斗式装载机可以装起土壤然后将其装载到卡车上，由卡车将土壤倾倒在传送带上运向水提取设施。然后通过水提取设施提取水，最后将水储存在水箱中。

如果土壤的含水量为3%，那么使用100千瓦功率的提取系统，每天可以生产700千克的水；如果利用核能发电机的废热，则可生产多达1.4万千克的水。这些水用于饮用和种植农作物绰绰有余。一开始我们可能无法种出所有的作物，但至少现在知道我们能利用这个系统种土豆。

衣服

在低端宇航服方面，有安德玛公司（Under Armour）为维珍银河公司（Virgin Galactic）的太空游客所设计的未来风格服饰。而高端宇航服能应对的环境不仅只是亚轨道飞行。作家迈克尔·多布森（Michael Dobson）就拥有这么一套罕见的服饰。

多布森成为国家航空航天博物馆（National Air and Space museum）的工作人员时，该馆刚好正在更名并搬迁到现在位于华盛顿特区购物中心的位置。在1971年，史密森学会（Smithsonian Institution）将"航天"二字添加到了这座博物馆的名字之中，迈克尔·科林斯（Michael Collins）也很快受邀管理该馆。在队友尼尔·阿姆斯特朗和巴兹·奥尔德林在月球表面行走时，柯林斯坐在"阿波罗11号"的指挥舱里绕月飞行。作为该馆策展团队的一员，多布森能够接触到进入博物馆的藏品。这些藏品包括了数十件从未进入过太空的宇航服，所以这些藏品注定是用于研究而非单纯的展览。多布森解释道：

由于执行阿波罗计划需要多年的准备，每位宇航员都收到了六套宇航服，足以应付事故、改装和磨损。六套中的一套会参与到实际任务中，而其余五套最后都堆进了佛罗里达州某处的仓库里。有一天，美国国家航空航天局的某个人觉得该清理仓库了。想找个地方扔掉几百套用过的宇航服可不容易，可以寄送去的地方可不多。毕竟有相关规定。所以自然而然地，他们决定将这些宇航服"捐赠"给国家航空航天博物馆，而我那时正好在那里工作。[6]

多布森向一位高级同事提道，他想拥有一套"阿波罗7号"宇航服，而且自己获得了许可。他得到的唯一回复就是"别把它卖了！"现在，宇航服挂在多布森在马里兰州的办公室里，他在那里撰写关于商业问题的书籍——也包括了太空商业。他参与编写部分章节的书籍包括了《航天系统应用工程学》（*Applied Space Systems Engineering*）和《航天系统应用项目管理》（*Applied Project Management for Space Systems*）。

我们在为编写这本书与多布森交谈时，他提到了一件关于那件宇航服的趣事：是倍儿乐公司生产的那件宇航服，就是那个以生产胸罩和紧身褡而著称的公司。倍儿乐公司专注于生产太空服的部门于1971年采用了ILC多佛（ILC Dover）这一名字并继续在整个阿波罗计划期间开展太空服装业务，挫败了国防承包商进入零重力高级服装业务领域的计划。在杂志《快公司》（*Fast*

Company）纪念"阿波罗11号"登月50周年的文章中，简要描述了倍儿乐当时遇到的挑战：

登月计划中一项被低估的技术挑战就是宇航服设计。宇航服必须从内部进行充气和加压，这意味着宇航服内必须有一个人类生存所需的大气的迷你版本。从本质上讲，宇航服就是一个复杂精密的"气球"。[7]

鉴于宇航员需要在阳光直射下工作，宇航服必须既灵活又坚固，能够承受-170℃到115℃左右的温度变化。这些要求使设计难度非常高。宇航员需要行动自由，以便能够攀爬、扭动身体和采样，同时还要考虑到被时速36 000英里[①]的微陨石击中的可能性。

到"阿波罗11号"登月计划的准备阶段时，倍儿乐/ILC多佛公司的员工数已经增加到了1 000人左右，然后在阿波罗计划结束后就仅剩25人了。但ILC多佛公司卷土重来，他们设计了航天飞机任务使用的太空服，这些太空服有可替换的部件。然后他们开始为第一个火星车制作缓冲囊以防着陆时的冲击。他们也有其他项目，并为建造未来的太空居住设施做出了贡献。这些项目的相同点在于，他们总是使用柔韧的材料来保障人员和设备的安全[8]。在

① 1英里≈1.609千米。——译者注

撰写本书时，该公司在招职位实际是在面向未来的太空时代，包括了团队组织员、太空服组装员，还有前工业时代的工种，如专业缝纫工。

消费者唯一想要的宇航服

谷歌工程与研究前高级副总裁艾伦·尤斯塔斯（Alan Eustace）保持着高空跳伞的世界纪录。2014年10月24日，他搭乘高空热气球，在41.419千米的高空，从平流层的上部区域跳下。尤斯塔斯不是宇航员，他是一名计算机科学家。

他身着的宇航服是第一款专为消费者设计的宇航服。其他宇航服都卖给了政府机构。当然，为尤斯塔斯制作宇航服的公司也是给阿波罗计划宇航员提供宇航服的公司。总的来说，他们知道尤斯塔斯需要怎样的宇航服。

他的宇航服的特性，以及他的身体在仅有宇航服防护时对平流层条件的反应都为人类高空飞行提供了独特的研究素材。平流层不被视为外太空，通常以距离地球表面100千米的卡门线（Kármán Line）来进行区分。平流层与其下方的大气存在着一些显著差异，这些差异也影响了尤斯塔斯宇航服的设计。

该宇航服是由ILC多佛公司制造的，该公司制造了所有阿波罗计划和用于舱外活动的宇航服。这些宇航服与美国国家航空航天局的其他宇航服不同，当发生事故导致压力降低时，它们会给自己增压。与此形成对比的是大卫克拉克公司为航天飞机宇航员提供的减压宇航服。

ILC多佛公司的宇航服不仅是增压宇航服，而且还保证了宇航员的灵活性。正如尤斯塔斯所说："宇航服内部有漂亮的接缝痕迹，还有其他使宇航服舒适且实用的特点。你的手可以翻转，肘部和肩膀也可以运动。你也可以像阿波罗宇航员那样步行。"[9]

虽然阿波罗计划开始后，宇航服相关的研发工作就开始进行了，但原型服并没有进入载人测试阶段。尤斯塔斯穿的宇航服是几十年前的第一批ILC多佛宇航服。从设计到制造再到压力服测试，然后到压力服人体测试，最后在平流层上层进行了实际使用。从科学的角度来看，将其用于打破世界纪录的高空跳跃是一个具有里程碑意义的事件。

这件宇航服与之前宇航服的关键区别之一就是增压水平。它的增压水平是美国制造的宇航服中最高的。大多数美国宇航服能增压到4.3PSI[①]，但尤斯塔斯穿的这件宇航服的增压水平能达到5.4PSI。虽然听起来差别不大，但是随着气压的增加，减压病（Decompression Sickness, DCS）的风险急剧下降。鉴于尤斯塔斯在升空过程中从未受到减压病的影响，这个应对方式显然是有效的。

但是和通常情况下一样，当产品的某一个方面被调整以满足需求时，其他的特性就会受到影响。随着压力的增加，宇航服的机动性略微产生了变化。它损失了一小点机动性，但无伤大雅。总的来说，尤斯塔斯和他的团队为使其进行平流层跳伞对宇航服所做出的调整并没有影响到宇航服的完整性。他最终得到了配备有维生系统和水下呼吸系统的宇航服，而且这套宇航服跟西服一样合身。

宇航服结构的神奇之处在于面罩和宇航服共同增压并使压力稳定。当他穿上宇航服时，气体已经被放出来了。然后氧气流入宇航服内，让他能正常吸气吐气。这个过程最开始时，一个叫作双套控制器的阀门是打开的。这个系统会吸收他通过面罩排出的二氧化碳，然后

---

① PSI的英文全称是pounds per square inch，即1磅/平方英寸，是欧美国家惯用的单位，1磅/平方英寸≈6.895千帕。——译者注

通过面罩为他提供氧气，最后将二氧化碳和水分输送到宇航服的下半身部分排出。所以，他呼出的任何东西都会流向宇航服的下半身部分然后排出。

当他想增压时，他会关闭阀门。每次他呼气时，空气并没有从宇航服中排出，而是从内部对宇航服进行增压。每次呼气都会使宇航服变大。这不是一种常见的宇航服结构，而是一种与他的任务需求相匹配的结构。

"从内部为宇航服增压是一种奇怪的感觉，就像是在里面吹气球一样，不过不需要花太长时间，只需要几分钟就能完成增压了，达到5.4PSI后就会停止增压。到那时，双套控制器会通风，所以宇航服内的气压永远不会超过5.4PSI。"[10]

美国国家航空航天局的阿波罗计划和舱外活动所使用的宇航服也需要防护功能，在这一点上，这套宇航服也能满足需求。宇航服中的不同分层都有针对微陨石撞击以及辐射的保护。这些分层与宇航员在登月任务中所穿的宇航服中的分层大体相同。尤斯塔斯说："如果你把我的宇航服放在阿姆斯特朗的宇航服旁边，那么相似之处肯定多于不同之处。"[11]

这些宇航服非常昂贵，不是说材料昂贵，而是因为没有成规模进行生产。考虑到研发投入，公司为了收回投资而收取高昂的费用是合理的。尤斯塔斯指出，你不仅是购买了宇航服，你还相当于是聘请了设计师和技术人员参与到设计和测试中。因此，除了衣服以外，你还购买到了人才和他们的专业技能。

ILC多佛团队需要监控的一个关键系统就是加热与冷却设备。尤斯塔斯需要加热功能，因为他去的地方气温太低。

本来他估计温度会在−120℉[①]，或者稍微高一点。但结果出乎预料。美国国家大气研究中心和美国大学大气研究中心解释了这一现象：

"臭氧是一种不寻常的气体，在平流层中相对丰富，它能吸收太阳的紫外线辐射从而使这一层的大气温度更高。当一个人向上穿过平流层时温度会升高。这和我们所处的对流层完全相反，温度不会随着高度的增加而下降。"[12]

用尤斯塔斯自己的话来说："我们设计的东西，能让我在地面上模拟极端环境时也能让我保持温暖。但实际上，平流层是一个非常适合人类居住的地方。这确实出乎了我们的意料。实际上我在70 000英尺[②]的高度处

---

① 1℉≈17.222℃。——译者注

② 1英尺≈30.48厘米。——译者注

关闭了加热器，因为我不需要。而且在平流层真的非常舒服。”[13]

最后一点，这套宇航服非常耐用。在经过十几次迫降后，尤斯塔夫和他的团队记录到这套宇航服的强度增强了而不是减弱了。密封连接的设计和改进增强了其耐用性。

照片由艾伦·尤斯塔斯提供，由沃尔克·柯恩（Volker Kern）于高空跳伞纪录被打破的当日清晨拍摄。尤斯塔斯、宇航服、胸包和降落伞的总重量约为405磅。

杜邦公司是倍儿乐/ILC多佛公司的技术合作伙伴，但并非实际的合作伙伴。阿波罗宇航服21层中的20层的技术都是由该公司开发的。[14]在史密森学会的"太空中的衣物"展会中，该公司展出了许多令人交口称赞的宇航服相关产品，因为这些产品在地球上也有许多用途，包括：

● 杜邦™ 凯夫拉尔（Kevlar®）纤维，为宇航服同时提供强度和灵活性，能用于制造防弹衣以保护执法人员、急救人员和士兵。

● 杜邦™ 诺梅克斯（Nomex®）纤维，用作宇航服中的强力保护层，也能用于制作保护消防员、士兵和赛车手的服装。

● 杜邦™ 卡普顿（Kapton®）聚酰亚胺薄膜，因其高耐用性和热稳定性而被用于制作阿波罗宇航服中的两层，是电子行业中高可靠性的关键材料。

● 杜邦™ 科慕（Krytox®）高性能润滑剂，最初由美国国家航空航天局用于阿波罗太空飞行、月球车牵引电机以及宇航服润滑剂。可在低温和高温极端条件下正常使用，以保证计算机芯片制造中的一切工序、汽车以及最新的民用和军用飞机制造能够顺利进行。

● 密拉（Mylar®）聚酯薄膜因其韧性和可塑性，被用于制成阿波罗宇航服中的数层，也广泛用于电气、电子、工业、成像和制图以及包装等领域。用箔覆盖的聚酯薄膜制成的气球在天空飘浮的时间远长于乳胶气球。

多年以来，这些适合太空环境的材料的新一代版本已经推出，这些材料很有可能用于制作未来的宇航服，以便宇航员进行舱外活动以及在空间站和居住设施之间往返。宇航员在国际空间站上穿的衣服，表明了未来太空自耕农会穿什么样的衣服。

国际空间站上的美国和俄罗斯宇航员可以穿自己国家制造的工作服——连裤工作服和内衣使用的是地球上常用的纤维。国际空间站内的气压与地球上的大气压相同，也保持着舒适的温度和湿度。因此，除了在发射和再入以及太空漫步阶段外，正常的衣服都可以使用。最大的不同在于，国际空间站上的驻扎人员没有太多的能力清洗衣物。他们会非常注重保持内衣的卫生，脏衣服会放进某种容器里然后在重新进入地球大气层时将其焚毁。

当我们在天体上有定居点时，脏衣服就不成问题了。美国国家航空航天局也已经在开发一种适用于低重力环境的洗衣机。[15]

住所

太空飞船是一种新型的太空载具。它可以重复使用而且功能多样：发射和回收卫星、携带太空实验室和居住设施、帮助建造空间站以及运送人员。考虑到航天飞机的载荷限制以及私营企业公司发射火箭的载荷限制，富有创造性思维的思想家将考虑如何将人类的居住设施从地球转移到天体之上。

在2016年，美国国家航空航天局选择了6家美国公司来开发深空居住设施的原型。投标的设计必须与美国国家航空航天局提出的月球门户计划（Lunar Gateway）相兼容，即一个用作通信枢纽和短期居住舱的空间站（注意：我们认为拟定的门户计划是有缺陷的，并在本书第四部分解释了原因）。目前的计划是尽快推出门户的基本骨架，以便在2024年将其用作临时站点，方便让宇航员从航天器转移到登陆器上，以便登陆月球。

实现建成居住设施的想法殊途同归，可行的模型最终可能都能为人类解决短期和长期的住所需求。在两种设想中的太阳能居住设施的模型中，都涉及了充气技术，另外两种则计划重新利用现有设备，还有一种居住设施模型需要进行一定的组装才能到达太空。6种居住设施设计的详细信息都将在第7章中介绍，届时还会介绍月球表面和火星住所的替代方案。

美国国家航空航天局于2019年7月19日结束了招标。最终的结果是，诺思罗普·格鲁曼（Northrop Grumman）公司是唯一"能够在2024年这一截止日期前，完成模块设计并拥有足够的生产资源按时交工"的承包商。[16]中标的构想是一个小到商业运载火箭都能发射的居住设施。建造将在名为"天鹅座"（Cygnus）的货运飞船上进行，该飞船已经在生产过程中了[2014年10月，私人太空公司轨道科学（Orbital Sciences）的货船"天鹅座"CRS Orb-3在第4次尝试抵达国际空间站时在发射平台上爆炸。但是，自动化航天器现在是由新公司——诺思罗普·格鲁曼公司制造的]。

未来前往月球的宇航员、研究人员、游客甚至可能还有作家，都会在短期内居住在这样的设施中。现在的计划是通过在基础的门户空间站添加模块以延长其使用时间。但即使在第一阶段，人员停留的时间不长，所有的设计还是想让居住者能尽可能地感到舒适。我们在为太空自耕农设计永久性设施时会考虑到什么？看看提供给美国国家航空航天局执行门户计划的模型就知道了。

其中一个必需的功能就是辐射保护，辐射能摧毁任何没有防护的生物。有这么两种利用当地材料的解决办法：

● 居住设施周围的水可以保护居住者免受辐射伤害。水会捕获高能粒子，因此在居住设施外围上大约1英尺的水将能为人类、植物和动物提供所需的保护。

● 可以用月球土壤覆盖居住设施以抵御辐射。只需要2米厚的月球土壤就可以让居住设施免受太阳和宇宙辐射、太阳耀斑和极端温度的影响。

这种表层土壤也可以搬到先进空间站上用作屏蔽物。我们也可以将月球岩石粉碎成骨料再与水泥浆混合形成月球混凝土。用钢或玻璃纤维对其进行加固，增加抗弯强度并限制微裂纹的形成。月球混凝土具有很强的抗压性，内表面敷上密封剂就能用于建造月球建筑。

用月球混凝土制成的月球基地有以下优点：

1.铝合金与混凝土的能量比为90：1，节省了大量能源成本；

2.混凝土可以浇筑成任何整体形状；

3.强度高；

4.耐热性一流；

5.卓越的辐射屏蔽功能；

6.混凝土有耐磨性，能应对微陨石（的撞击）。

混凝土可以成为月球基地扩张的主要建材，可以在月球表面进行生产。唯一需要从别处运输过来的原料是氢气，用于生产水（当水蒸气被阳光分解时，水蒸气中存在的氢元素都会流失到外太空当中）。

研究

国际空间站是展开数以千计的研究试验（包括了生物学和生物技术、地球和空间科学、人类研究、物理科学和技术等领域）的场所。所有这些研究都旨在帮助我们了解天体内部和周围的生命，或者让我们对地球上面临的问题（例如疾病）产生不同的看法。与某些科学家所说的相反，国际空间站可以继续发光发热，尤其是对公司的研究和开发计划相当有益。它甚至能成为一个工业园区，许多不同的公司使用它来测试有朝一日可能上市的新产品。他们也可能将国际空间站用作小规模生产这些产品的工厂。迄今为止，大约已有1000亿美元被用于国际空间站的建造和维护，这点理由足以激励我们继续使用它。

只要粗略地了解一下只能在或最适合在零重力或微重力环境中进行的研究，就不难发现，在医学、农业、交通等领域中，这种研究都蕴含着巨大的机遇。美国国家航空航天局专门制作了一本手册，发给对微重力或零重力研究感兴趣的商界人士和学术研究人员，并向他们概述了这种环境的优势。该手册在"微重力对材料系统的好处"一节中罗列出了以下内容：[17]

● 无缺陷；

● 均相性；

● 受控的对称增长；

● 避免成核或单一成核；

● 更高的分辨率；

● 无溶质聚集；

● 无沉淀；

● 无对流；

● 无容器操作；

- 自有悬浮；

- 完美球形；

- 不会潮湿。

撰写该手册的美国国家航空航天局艾姆斯研究中心（NASA Ames Research Center）也同样为生命科学研究提供了有利的环境。

《奇点中心》（*Singularity Hub*）发表了一篇关于在国际空间站上的"不同寻常的项目"的文章，该文章准确地列举出了最适合在地外环境中进行的各种科学研究。[18]请关注与"不同寻常的项目"相关的有吸引力的工作，在某些情况下是有些奇怪的：

- **零重力环境下的帕金森病研究。**患上了帕金森病的演员迈克尔·J.福克斯（Michael J. Fox）建立了基金会，旨在促进帕金森病的研究，并且与国际空间站合作开展了"针对一种与帕金森病有关的基因突变所产生的蛋白质的研究。"[19]致力于针对该可疑蛋白质进行药物治疗的化学家对其晶体结构缺乏深入了解，但零重力环境能使晶体生长得更大、更均匀，使之更易于研究。

- **太空组织切片。**组织切片包含了人工培养基上生长的人类细胞。因为细胞会模拟器官和组织的结构和功能，因此它们可以更好地让研究人员了解零重力或低重力环境对人类健康和疾病的影响。组织切片项目能模拟动物体外器官的复杂生理机制，能够用于药物筛选和其他用途，最终实现提升地球上人类健康水平的目的。

● **酿造啤酒**。好吧，听起来有点不正经。以百威啤酒系列闻名的安海斯–布希公司（Anheuser-Busch）为国际空间站的实验提供了酿造百威啤酒所使用的大麦种子，以观察谷物对微重力环境的反应。特怀曼·克莱门茨（Twyman Clements）于2014年创立的太空探戈（Space Tango）公司支持了本项实验。本书第6章中对太空探戈公司的项目进行了简单的介绍，该项目旨在获取原材料并在微重力环境下进行实验，为地球带来新产品。太空探戈公司的工作展现了太空研发给多个学科领域所带来的触手可及的广泛商业机会。[20]

● **癌症研究**。路易斯·奇亚（Luis Zea）博士任职于生物服务太空科技公司（BioServe Space Technologies）进行癌症研究，该机构隶属于科罗纳多大学。奇亚博士一直在为空间站设计与癌症研究相关的实验。地球上的医学实验一般由医学博士研究人员设计，但奇亚并不是医学博士。他拥有航空航天工程科学-生物航天学博士学位。他解释了为什么在微重力环境中进行癌症研究能够攻克在地球上进行相同实验所面临的难关：

我们可以培养3D组织，这更类似于人类体内的生长方式。癌症肿瘤在人体内以不同的方式生长。它是一个3D结构，有时几乎完全是球形的。人体内的肿瘤就是这样生长的。

当你尝试在体外的试管或是培养皿中操作时，肿瘤更像是分层的。从外形上来看，一种是三维的"炸薯球"，而另一种是薄薄的"煎饼"。虽然组成成分相同，但实际上形状的改变会产生多方面的影响。所以说，如果你没法培育出正常形状的肿瘤，那你也没法准确地进行实验。

微重力能让研究人员更好地保持完整的肿瘤形状，也更有可能找出引起癌症的细胞层级的变化。我们所有人或身边的人到了某个时候都会受到癌症的影响，所以在地外进行这种研究是非常有价值的。[21]

●实验型陨石球粒形成。要进行这方面的讨论，需要先给大家介绍一个可能从未听说过的职业：宇宙化学家，他们的职责是探索陨石球粒和其他与宇宙化学成分及其变化相关的事物。随着社会对宇宙化学家需求的增加，这些博士的薪水也有望增加。截至2019年，根据简单受聘（SimplyHired）网站上雇主提供的信息来看，该岗位博士后职位的平均年薪仅为73 232美元。球粒是嵌在陨石中的小球体，一些科学家认为它们是行星和卫星的基石。球粒形成实验模拟了形成球粒可能所需的必要条件，可以帮助我们了解地球是如何形成的。这些知识将有助于我们寻找其他宜居星球。

当然，上述部分实验已经在地球上开始进行了。然而有些实验因为有潜在危险所以无法在地球上进行研究和开发。其中一个例子就是与热核火箭系统相关的研发，旨在发明出新的运输技术，能显著缩短人类从地球前往火星的时间。这样宇航员就不用花费九个月到几年的时间（或更长时间）依赖先进的生命维持系统在太空中航行，而这套维生系统需要大量的食物、水和燃料。并且更长的航行时间意味着有更大的风险，比如碰上宇宙辐射爆发等。

核热火箭使用核反应堆将推进剂加热到高温，然后推进剂由超音速喷嘴喷出，从而产生推力，这与传统火箭发动机的工作方式类似。但热核火箭可以用低分子量的推进剂，例如高温氢气。

核热系统可以用于第二代火箭。这个构想对于从地球到火星阶段的人类星际运输来说也十分有意义。我们会在第5章中更详细地探讨这点。

生产

与组成人类身体的材料不同，某些材料非常适合在太空中发挥作用。此外，太空环境的条件可以允许生产人员改进制造工艺，减少缺陷并提高性能，还能使用在零重力或低重力环境中具有不同特性的材料来制造产品。未来一段时间里，地外制造设施的出口产品将变得更普遍，因此大家可以将出口管理方面的MBA（工商管理学硕士学位）视为太空相关职业的敲门砖。

氟化物玻璃光纤（ZBLAN）可能会是出口到地球的首批产品之一，其名字来源于其化学方程式ZrF_4–BaF_2–LaF_3–AlF_3–NaF。现代数字世界依赖于比人类头发还细的线路，这些线路以每秒数十亿个脉冲的速度远距离传输能量光脉冲；换言之，我们越来越依赖光纤。现在的光纤是由石英玻璃制成，但这种光纤会产生信号损耗，所以需要搭配昂贵的中继器。相比之下，ZBLAN的信号损耗可能是石英光纤的十分之一到一百分之一。不幸的是，在地球上制造的ZBLAN并没能展现出这份潜力：

在地球上生产ZBLAN时，对流和其他重力导致的现象会使纤维内各种化学成分分布不均匀，使成品产生缺陷。这些在凝固过程中产生的缺陷最终导致微晶的形成，使该纤维无法投入许多商业应用中。[22]

科学家通过使用国际空间站国家实验室来生产ZBLAN，避免重力带来的不利影响。

像太空纤维光学公司（Fiber Optics Manufacturing in Space）、太空制造公司（Made in Space）和物理光学公司（Physical Optics Corporation）等商业公司抓住机会希望在近地轨道生产ZBLAN，并且他们也正在国际空间站上这样做。据美国国家航空航天局高级经济顾问亚历克斯·麦克唐纳（Alex MacDonald）说，考虑到地球人对高速互联网和通信的依赖程度，虽然将原材料送入太空的硬成本和软成本目前已达到"每千克数千美元"，但带来的收入仍然十分可观。[23]

月球的低重力可以使月球产品比地球产品更好、更精细。除了ZBLAN之外，还有许多其他产品可以在低重力环境下以更低缺陷率和更高效率进行生产，包括更精细的玻璃、更纯净的化学品和药物、计算机晶体和具有各种用途的合金。

太空制造和回收也会涉及留在地球外的产品和设备。太空制造公司成立于2010年，该公司的愿景为"让太空成就企业"，并与美国国家航空航天局合作，努力在将自己的口号变为现实。他们开发了在微重力环境下的增材制造技术。他们的第一个方向就涉及3D打印机，能使宇航员在飞船上制造零件，这远比从地球运送零件更便宜，因此可以作为替代方案。太空制造公司现在正在开发一种名为建筑宇航员（Archinaut）的机器人系统，可以自主组装硬件，从而使在太空中建造卫星和仪器成为可能。在最初的3D打印机项目成功后，美国国家航空航天局也与另一家增材制造风投企业系绳无限公司（Tethers Unlimited）展开了合作，将"重塑者号"（Refabricator）搬上了国际空间站。它是3D打印和回收功能二合一的机器，可以帮助宇航员将空间站上的塑料变为3D打印机的细丝，这样宇航员就拥有了进行维修的材料。

赢利

有一种办法可以承担采矿、运输、建造定居点和其他近地活动的费用，而且不需要公民背负沉重的税收负担。如果将太空探索和开发交由政府机构来执行，则一定让广大民众掏腰包。实际上，太空项目可以自负盈亏。利用月球和近地小行星的自然资源，我们就能生产出太空和地球所需的产品，且不必担忧销路。这个过程不仅降低了月球、火星项目的成本，而且还可能产生足够的利润来反哺地球经济。

要想赢利，至少需要经过两个阶段。第一个阶段涉及的是愿意承担高风险并希望得到风险背后巨大投资回报的公司。第二个阶段，将涌现第一批开拓者们的竞争者，这些竞争公司涉及的业务包括天体开采和出口到地球的产品的制造。他们面临的财务风险较小，但利润也会减少，他们的成果将有助于压低出口到地球的贵金属和产品的价格。这实际上非常棒！不仅愿意承担风险的公司会在第二阶段赢利，地球上的人们也会因铂族金属资源成本降低而受益，铂族金属是无污染汽车和清洁能源技术的关键资源。

就拿小行星开采来举例，在开采早期，虽然将小行星捕获到近地轨道（或是拉格朗日点之一）并建造附属的基础设施需要成本，但是这个成本远低于小行星矿业所带来的巨额财富。X奖金竞赛（X Prize）创始人彼得·迪亚曼迪斯（Peter Diamandis）和全球性投行高盛集团（Goldman Sachs）都宣称"第一个亿万富翁将在太空中诞生"。[24]

如果以21世纪初期的美元计算，产生这种天文数字利润背后的成本和收入又是多少呢？开始的成本会以10亿计，但我们可以像上面的"专家"们所预测的那样，放眼于数万亿甚至更多的利润。

由加州理工学院凯克空间研究所（Keck Institute for Space Studies）与美国国家航空航天局联合开展的一项可行性研究得出的结论是，小行星开采是可以实现的。该研究阐明了捕获小行星和开发其资源的过程：

凯克空间研究所的核心研究方向是起草小行星捕获和回收任务方案以及设计对应技术，旨在于2025年将重约110万磅的小行星移动到高月球轨道。该任务的成本预计为26亿美元。[25]

接下来，让我们为潜在利润狂欢吧。有一个名为"史丹索特统计研究"（Statistica Research）的团队，该团队由数百名研究专家组成，专门负责收集、处理和共享数据。该团队提出，一颗名为黛维达（Davida）的岩质小行星（对，小行星都有名字）估计价值为2.699万万亿。[26]这块岩石小行星有如此高价值的原因是富含镍、铁、钴、水、氮、氢和氨。但是被评估出如此高价值的小行星可不止它一个。该小行星带中还有其他14颗价值在2 500万亿到7 000万亿的小行星。

在本章结尾，我们希望你能认识到太空工业的收益和回报突破天际，比现在所有大胆的企业家所赚取的美元或欧元还要多。凯克空间研究所研究得出了结论，小行星开采的潜在利益是不可估量的。根据这份研究，还会得出以下的部分结果：

● 这种风险投资标志着人类与机器人的全新协作关系。机器人航天器会收回大量宝贵的资源供宇航员们开发，使人类能够探索太阳系的更远处。

● 从捕获到的富含挥发物的近地小行星中提取的水或其他材料，足以为目前人类能够负担得起的航天器提供屏蔽宇宙射线所需的原料。提取的水还能用作推进剂以运输建立好屏障的居住设施。

● 这项工作可以激发整个原位资源利用行业的发展。当各机构齐心协力决定从小行星上开采和处理原材料时，月球轨道上可开发的众多重量为数百吨的小行星也可以推进国际太空合作的扩大。[27]

因此，除了开展小行星开采的企业能获得经济利益外，小行星开采也对科学探索方面的跨国合作提供了机遇和激励。乐观主义者甚至可能会说，这能使地球上的人类互动变得更加和谐。

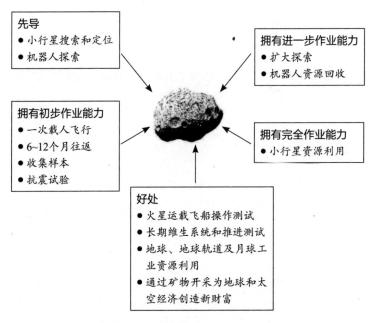

先导
- 小行星搜索和定位
- 机器人探索

拥有进一步作业能力
- 扩大探索
- 机器人资源回收

拥有初步作业能力
- 一次载人飞行
- 6~12个月往返
- 收集样本
- 抗震试验

拥有完全作业能力
- 小行星资源利用

好处
- 火星运载飞船操作测试
- 长期维生系统和推进测试
- 地球、地球轨道及月球工业资源利用
- 通过矿物开采为地球和太空经济创造新财富

图1-1　数十年前的小行星开采观点：相关步骤及缩短后的时间表

资料来源：1991年，美国政府印刷办公室（US Government Printing Office），《处在门槛的美国：美国太空探索计划综合小组的报告》（*America at the Threshold: Report of the Synthesis Group on America's Space Exploration Initiative*）。

持怀疑态度的朋友们会问："地球上还有这么多贫困人口，疾病也没被消灭，我们为什么还要投入金钱和技术来探索太空？"你应该回答，答案就在问题中。我们进入太空正是因为地球上有贫穷和疾病。我们进入太空是因为如果我们不探索太空，那地球上资源的不平衡可能会导致地球毁灭。我们将进入太空以满足医学上的迫切需求——治愈不治之症，找到修复受损身体的新方法。

太空探索实际上关系到地球上人类的生活质量，至少在可预见的未来是如此。

第2章 历史会重演吗？

到目前为止，我们已经乐观地探讨了在太空中追求利益、寻找定居点以及展开研究和生产的相关设想。如果我们不这样做，与太空相关的活动仍然会提供大量工作岗位；但除此之外，与竞争、市场调控、军事和执法相关的天体上的工作岗位也将激增。

我们在第1章中探讨的4个活动领域中的每个领域，都面临着以前曾面临过的特殊挑战，有些挑战比较棘手，有些还好。考虑到这一点，让我们来一次时间旅行，把历史事件和（未来将会）不断发生的问题进行平行对照，这样比较便于我们整理思路。

公司比国家强力

在将太空运营私有化的同时还能创造平等就业机会这一观点被人质疑是无可厚非的。当然，认为地球上的国家在太空事务上放弃取得军事和经济优势的机会携手合作这一观点也是没有说服力的。太空并不一定会像吉恩·罗登贝瑞（Gene Roddenberry）创作的《星际迷航》里所倡导的那样，激发出人类最好的一面。

首先，大英帝国的崛起表明了某些活动的私有化是如何为企业家和冒险家提供了海量的机会，而当政府控制它们时，这些机会就荡然无存。这也揭露了商业实体是以利润增长为道德指南的。

在鼎盛时期，大英帝国占据了地球四分之一的土地，统治着世界上大约20%的人口。[1]大英帝国的商业活动辐射全球，但不同地方的人们依靠统一化的基础设施和相同的语言结合在了一起。虽然现在大英帝国已经不复存在，但英联邦仍然存在，英语也仍在广泛使用。

但资助和控制全球各种利益集团的并不是王室或议会，大英帝国变成了一个由57块殖民地、领地、领土和受保护国组成的大帝国。[2]这个帝国不是由英国政府建立的，而是由企业家建立的。

随着17世纪初世界被探索以及海上航运的开放，公司这种组织形式出现了，并在英国扩张中占据主导地位。这些公司赚取利润的方式很简单，那就是获取世界不同地区的商品和原材料并运回英国卖给英国人或其他地方的人。

哈得孙湾公司于1670年前往加拿大和五大湖地区用陷阱捕捉带有珍贵毛皮的动物，进而开始在北美开展商业活动。后来，他们在纽芬兰的大浅滩附近建立了一家渔业公司。哈得孙湾公司利用其补给船"纳斯卡皮号"（Nascopie）开创了一种全新的做法，毫无疑问，这种做法也会被在太空天体留下商业足迹的公司所效仿：运送补给时带上游客。

英国东印度公司在印度建立了小规模的定居点，以获取茶叶、香料、棉花、丝绸、染料、硝石和鸦片。该公司后来去中国销售鸦片，这在中国是非法的，并且导致了整个国家环境的恶化，最终招致中国反击，成了鸦片战争的导火索。另外，该公司还帮助英国通过香港这一港口，获得中国瓷器和丝绸。

东印度公司的起源是欣欣向荣的私营企业。1600年，伊丽莎白一世授予东印度公司皇家特许状，使其垄断了与东印度群岛的贸易。有了这个强有力的授权，东印度公司的创始人们得以从富商那里募款，富商们用自己近70 000英镑的资金资助了这家公司。据《国家地理》(*National Geographic*)报道：

你认为谷歌公司或者苹果公司很强大？那你可能从未听说过东印度公司，这个强大的公司曾经统治着几乎整个印度次大陆。在1600—1874年，它是世界上最强大的公司，拥有自己的军队、领土，并且几乎完全控制了现在代表英国的产品的贸易：茶。[3]

拥有军队可能是该公司创业成功史中最可怕的部分。它会使用武力去压制甚至消灭竞争对手，并且最终控制了孟加拉国的一个州，公司"高管"开始在当地征税。该公司后来吞并了其他领土，并建立了一支26万人的军队，这可是英国常备军人数的2倍。同时，它还垄断了英国近一半的贸易。[4]这样的故事现在就不会发生了，对吗？理论上来说，我们有反垄断法来防止这种具有垄断地位的公司出现。我们会在第3章细细研究这种理论上的保护措施。

至于军队的问题，任何开采贵重矿产、开发旅游、运输货物和人员或者进行居住设施建设的公司都需要安保部队。即便是由机器人担任所有这些工作，那也仍然需要这样一个单位（可能由智能安全机器人组成）。部分公司可能会大量投资于安保领域，在太空中创建一种公司军队，但这要视公司业务性质而定。现在，我们可以把英国想象成地球，把印度次大陆想象成月球或火星：行动基地那么遥远，像东印度公司那样召集一支庞大的"安保"部队似乎是合理的。

着眼于北美的弗吉尼亚公司首先在罗阿诺克扎根，但他们后来失去那个殖民地了。然后他们在弗吉尼亚设立了一个烟草种植园，将烟草出口到英国以供那里的人消费。弗吉尼亚公司被称为股份公司，由投资者资助，他们希望新大陆的定居者们能向母国提供各种高价值的产品，比如黄金、葡萄酒、稀有水果和宝石。但他们没能得到想要的一切，部分原因就是他们不确定会发现什么。与之相比，开采小行星的公司将有更高的概率为投资者带来回报。

黎凡特公司成立于1592年，他们没有殖民的想法，但他们拿到的皇家特许状包含了与土耳其的奥斯曼帝国保持贸易和联盟关系等内容。他们还与现有的中东港口进行商品贸易，如生丝、棉花、羊毛、纱线、肉豆蔻、胡椒、染料、胆汁、皮革、用于制造玻璃和肥皂的纯碱，以及树胶和药物。这促进了国际关系的发展，并且可能对未来英国在中东和北非建立受保护国也发挥了作用。从该公司中诞生的富豪家族是阿斯特（Astor）家族，该公司于1825年解散。我们没法推测成功开发天体资源会催生哪些新的超级富豪。

随着公司在海港和贸易中心设立邮局和"工厂"（"管理人"和贸易代理人为贸易船只购买和储存材料的地方，以便在船只抵港时进行装载）以获取相关商品和原料，欧洲人的定居点在港口及周边地区发展了起来。在这些地方工作的人们不论从事什么职业，都需要一个居住的地方。这引起了英国民众的注意。这些定居点本身也提供了工作机会和开始新生活的机会。

英格兰有许多团体在不同时期因宗教原因受到迫害，或者受到皇室的排斥，包括清教徒、贵格会教徒、天主教徒、穷人和罪犯（后来被送往澳大利亚）。许多人来到殖民地，以期获得宗教、经济和政治自由。

有了邮局和港口，他们需要更多的人来支撑这个系统，赚取更多的钱。他们为那些愿意来应对严酷荒野和当地原住民的人提供土地。最终，随着更多货物运输港口的建立，城镇和城市建立了起来。

加勒比海和太平洋的殖民地和岛屿上建立起了补给站，为过往船只提供服务和生活物资补给。

　　然后英国政府来到这些地方，以保护贸易船只和定居者免受荷兰、西班牙和法国等帝国的竞争和威胁。他们还希望能对定居者行使更多权力，以确保土地出让金和索赔资金能够流向王室和地主，并最终建立了法治。

　　遥远的殖民地和现有帝国之间的贸易不断增长，使过去仅有少数精英能够获得的商品现在能面向更多人开放。海港和补给站在岛屿上发展起来，为过往船只提供服务和补给。移民们定居下来是为了建立新的生活，开始新的事业或是逃避迫害。罪犯被流放，土地被赋予给有权势的朝臣，然后他们又会出售自己的权利或是准许企业家进入。传教士们会前往偏远地区传播基督教。

　　英国、法国、荷兰、西班牙和葡萄牙帝国都是这样开始殖民的。商人冒险踏出国门，紧接着是寻求更低风险、更好生活的殖民者。我们未来向太空扩展的方式也会如此。

　　新的职业对于扩张至关重要，比如在英国公司建立起"日不落帝国"时所产生的新职业。但是，如果我们仅仅是把我们在地球上创造出的复杂、恶劣和不公正的环境搬到太空活动中，又会出现什么样的新职业呢？

贸易主导权的回归

从大约1100年到1800年，中国在某些产品的生产和加工方面占据着主导地位。新的工作和经济机会来自他们在手工业、纺织业和农业等领域的创新。但是中国并没有真正通过商船将商品运送到欧洲。大多数到达欧洲的中国商品都是通过奥斯曼帝国由陆路运送来的，这就是为什么葡萄牙人从印度开始开拓东方市场时能获得如此巨额的利润。中国对与欧洲的贸易并不是特别感兴趣，因为欧洲一穷二白，没有中国人能看得上的东西：英国人在印度种植鸦片是因为鸦片在中国有市场。通过长途贸易获得产品从技术层面上来讲有助于刺激英国和欧洲的经济发展。

西方帝国主义的野蛮做法削弱了中国在世界市场上保持主导地位的能力和竞争力。20世纪，西方帝国主义的军事行动、资源的掠夺和开采以及贸易转移使得中国在经济上陷入了困境。

显然，中国现在重新成了强大的经济体。但是这一次，不仅是钢产量超过英国，或者出口货物最多那么简单。中国有望实现这两种成就的21世纪版。

现代中国在稀土矿物方面占据了主导地位，再加上中国对太空计划的大力支持帮助其维持了这种主导地位。那么问题来了：这次的结果会是怎样的？或者说，中国是否会有如此强劲的势头以至于通过在地球和月球上的采矿作业继续占据这一主导地位，还是说会出现一股太空时代版的帝国主义力量？

一些人称对中国在稀土矿产领域占据主导地位的担忧是危言耸听，因为名称中的"稀有"一词具有误导性。美国地质调查局认为，这些矿产在地壳中含量丰富。但问题是，它们不一定以理想的浓度出现。此外，从地下采到后，稀土和其他元素的混合物必须经过复杂的化学过程进行提纯。根据稀土矿石中杂质的含量来看，提取稀有金属元素的步骤"可能会需要重复数百次甚至数千次"。[5]

许多稀土矿物不仅是制造工具所需的原料，也是在未来绿色科技和高科技产业中发挥着重要作用的材料。到目前为止，中国主导着稀土的生产，2018年生产了120 000吨。[6]澳大利亚以20 000吨的产量居于第二位，美国生产了15 000吨。与中国相比，其他国家的产量不值一提。中国可以利用其对稀土的主导地位来保持高价出口和低价内销。这将迫使依赖稀土的公司，比如未来的能源和科技公司，将工厂迁往中国。

在稀土领域领先全球的美国和澳大利亚小型生产商们能提出的最好的问题是："我们要怎样才能保持竞争力呢？"换言之，他们会思考"我们要做些什么才能赚到足够的钱来在稀土经济中立足呢"？

行星资源公司（Planetary Resources）和深空工业（Deep Space Industries）等一些公司曾计划从天体中提取水和矿产资源，但这些计划最终并没有像最初设想的那样成功。卢森堡对行星资源公司的1 200万美元投资都亏损了，损失的国家不止它一个。最终，这两家公司都被收购了，他们征服小行星的计划也被重新制定了。他们对机遇的评估没有错，就像苹果公司预估平板电脑有巨大的市场需求一样。最后，该计划中的错误并没有破坏公司的技术，只是无法在原定的时间点获得成功。

在太空资源探索正式开始前，处理稀土需求的一种短期方法是回收利用。回收稀土元素曾被认为是不可能的，但现在已经成为现实。2019年4月，苹果公司宣布了其重大扩展计划，即回收计划，名为黛西（Daisy）的"拆解机器人"成为焦点。[7]黛西将每年拆解120万部苹果手机来简化苹果手机的回收流程，对钴等贵金属回收再利用。美国政府也有几个机构在研究稀土元素回收。艾姆斯实验室的科学家从磁铁中回收稀土，美国能源部也正在研究一种分离工艺，以降低纯化回收稀土元素的成本。[8]我们能从中学到的是，哪怕我们已在距地球千里之外的地方发掘新的机会，我们也需要在地球上保持创新。

错配的人力资源

在人类历史进程中，很多时候男人和女人都承担着与其特质不太匹配的职责。随着机器人和人工智能（AI）领域技术的成熟，无疑会有人去做应该交给智能机器人去做的工作。而对于太空探索而言，我们不应该有太强的"领地意识"，我们应该选择聪明的方式，放开手脚让机器人去干活。虽然我们可能希望用自己的双手完成这项工作并亲眼见证，但有时我们人类应该让步并屈服于智能机器。

古往今来，我们常常把正确的人放在错误的位置上，或者把错误的人放在正确的位置上，这点在医学领域特别明显。当我们眺望月球和火星时，难免会再犯这样的错误。

国际贸易催生了一种新职业的诞生：船医。这个职业的概念其实是有缺陷的，因为合格医生并不倾向于在这个位置任职。历史学家艾瑞斯·布朗（Iris Bruijn）的论文《荷兰东印度公司的船医》（*Ship's Surgeons of the Dutch East India Company*）提出了这样的见解："船医主要接受的是经验主义培训，与受过学术教育的医生形成鲜明对比。"[9]根据"殖民地威廉斯堡"（Colonial Williamsburg）的官方网站我们可以知道，美洲殖民地发展早期，药剂师在接受了类似的在职培训后担任医生并会在必要时对病人进行手术。

如果觉得这听起来很离谱，那你可以想象一下，我们最熟练的医师宇航员在踏入人类未知的环境中时，会如何接受经验主义培训呢？

20世纪后半叶远程医疗技术的突破使偏远地区的人民也能得到系统的、科学的医疗保障，并且能够在相关专家并不在场时处理问题。这项技术的目的是减少现场治疗的试错,并充分利用其他地区医生所掌握的知识。

一些开创性的工作就发生在战场附近,特别是20世纪90年代初期,在索马里执行"重建希望"行动(Operation Restore Hope)期间。部署到摩加迪沙郊外的前线流动医院的美国医生遇到了各种对健康的外来威胁:细沙、跳蚤、会喷毒液的眼镜蛇、3种疟疾,以及手持AK-47的吸毒者。他们需要国内专家的专业知识来解决不断发生的医疗意外,这些意外影响着美国及其盟国士兵的生命安全。一个将计算能力、卫星通信和数字成像结合在一起的简单系统能传送这些专业知识。[10]

在下列案例中,现场医生没有技术支持,当地医疗环境无法满足一位士兵的医疗需求。该士兵眼睛周围长满了难看的肿块。索马里的眼科医生初步诊断为红斑狼疮,这是一种自身免疫性疾病,士兵需要被送往6000英里外德国兰施图尔(Landstuhl)的一家陆军医院进行治疗。将图像发送给华盛顿特区沃尔特·里德陆军医疗中心(Water Reed Army Medical Center,WRAMC)的专家后,将其送往后方进行治疗的请求被取消了:沃尔特·里德陆军医疗中心的专家确定该士兵患有接触性皮炎,症状是由护目镜中防护细沙的橡胶引起的。

索马里使用的远程医疗系统雏形非常有效,是早期的远程医疗的典范之一。两个月后另一起同样的病例是被9000英里外的医生确诊的，这名士兵也被诊断出过敏。这次演习涉及的距离虽然只有几百英里，但涉及的远程医疗距离却直线上升。

伯纳德·哈里斯（Bernard Harris）的医疗包是一个用尼龙搭扣密封的透明塑料包。他取下听诊器开始检查。他的病人查理·普雷考特（Charlie Precourt）会在每次肢体接触时从医生身边弹开。如果不被绑住，他会完全飘浮在医生可触及范围之外。随着哈里斯医生继续检查，一枚金牌从他的衬衫中滑落，在他面前飘来飘去。病人看起来很放松，背部微微晃动，手臂垂在身侧。实际上，普雷考特的姿势不禁让人想起史前人类的照片。哈里斯进行了一项又一项检查。他发现普雷考特肺部有液体，心脏向胸部中央偏移，其他器官也在移动或是藏在背后。简言之，在这种情况下，普雷考特的身体是完全正常的。[11]

这是在"哥伦比亚号"（Columbia）航天飞机上进行的第一次微重力检查，这些情况都是正常的。这次检查的日期是1993年5月4日，检查结果从航天飞机传回了梅奥诊所（Mayo Clinic）。其目的是实时揭示在一般情况下太空生理学会是怎样的，并使远程医疗这一新兴学科继续发展。

梅奥诊所的地面医生看到了困境，这个困境此后一直是人们对于太空医疗讨论的焦点。他们发现，病因和症状是跨学科的：[12]

表2-1　太空医疗中病因与病症对照表

病因	病症
液体转移	肾结石
骨中矿物质脱除	骨折
肌肉流失	心律失常
电解质失衡	便秘
心脏失调	眼部问题
密闭环境	传染病、皮肤问题、接触有毒物质
在太空中进行建设活动和太空行走	外伤、减压病
意外	烧伤、接触有毒物质辐射
一般原因	太空晕动症

　　1993年的这个历史片段揭示了将医生送上宇宙飞船的最大挑战之一：如果我们要派遣一名人类医生，应该选择哪个科室的医生？或者说我们是否应该依靠接受过全科医疗训练的宇航员并让人工智能在治疗过程中发挥主导作用？这是"远程医疗之父"杰伊·桑德斯（Jay Sanders）为我们分享的一个视角。[13]

　　在远程医疗的早期，是一组人与另一组人进行交流。然而，我们正在越来越依赖人工智能，因为专业医疗人员距离太远而无法发挥作用。我们将在第10章中更多地探讨人所扮演的角色的相关争论。

　　即使在阿波罗计划的巅峰时期，美国政府的使命也一直是探索太空，而非殖民和开发太空。此外，即便有这样的想法，也没有任何一个政府能够单独开发和定居太空，虽说美国等国家作为探索者经常单独行动。在我们不希望历史重演的领域，我们必须要能坦然接受公私伙伴关系、政府间协作和人机交互等高风险现象。

凭借历史的智慧与经验，我们应该带着对未来的好奇心不断前行。用虚构的星舰"企业号"（Enterprise）船长让-吕克·皮卡德（Jean-Luc Picard）的话来说："每一个迷宫都有一个出口，每一个谜题都有一个答案，问题就是要去找到它。"[14]

第二部分

组织上的基础架构

第3章 太空中的公司

在1958年美国国家航空航天局诞生的几十年前，美国开始授予成本加利合同以刺激美国公司进行战时生产。即便是大公司也无力承担独自研发政府所追寻的技术，所以承包机构会承担成本并支付费用让公司能获得所需的技术。

在太空旅行的早期，成本加利合同是很常见的。约翰·肯尼迪总统于1962年9月12日发表《我们决定登月》（*We Choose to Go the Moon*）的演讲，推动美国最优秀的人才和制造企业参与支持太空竞赛。性能、质量和交付时间的重要性都超过了成本的重要性，这是成本加利合同的完美框架。当然，很多政府目前仍在为许多太空项目提供资金，但美国太空工业已经重新转向固定价格模式。使用这种模式，政府可以进行自主渐进式的变革，但不太可能引发革命性的进步。公司，甚至是小型初创企业，已经找到了实现技术进步的方法，这些方法可以被视为革命性的变化。他们找到了在有或没有政府帮助的情况下都能推动技术进步的创造性方法。

在第5章中，我们将了解一些大型运输公司是如何进行创新并取得成功的。在本章中，我们将介绍推出独特技术解决方案的小型航天公司。我们特别关注他们在应对挑战和制定赢利策略方面的共性和差异。洛克希德·马丁公司（Lockheed Martin）和波音公司（Boeing）等政府主要承包商仍然通过邀请小公司签订合同来为他们敞开大门。其他相对年轻的公司已经设法直接为政府机构提供创新发明。一些人集中他们的财政和技术资源，将他们的创新推向太空。

为了帮助太空企业家同行，许多人士为这本书贡献了故事和实用信息。这些内容的主题包括：为一家新的航天公司融资，将想法转化为切实的结果、商业上的可行方案，并总结失败的原因。

成立一家太空公司：优势与壁垒

我们现在能够看见一股热潮已经掀起，学生群体、经验丰富的专业人士团体以及太空爱好者们都在谈论太空创业。维珍银河公司、太空探索技术公司（SpaceX）和毕格罗宇航公司（Bigelow Space）等备受瞩目的例子引起了公众和投资者的关注。尽管这些运输公司是航天工业改革的领头羊，但同样不能忽视的是数百家成功的创业航天公司的贡献，这些公司填充了我们称为"太空创业"的领域，"太空创业"的概念是由航天创业中心首先提出的。这个非营利组织是由工业界、政府和学术界联合组成的组织，旨在催生和加速太空创业公司及其需要的多学科劳动力的发展。

在卖掉星河公司（Starsys）后（正是这家公司为"火星探路者号"着陆探测器制造了太空发动机），斯科特·蒂比茨成了航天创业中心的执行董事。作为该中心培育新太空创业公司工作的一部分，他对太空创业公司所处的商业环境进行了分析——在许多方面都是独一无二的，并指出了它们可能拥有的优势和经常面临的行业壁垒。最初的工作是在2008年完成的，它在很大程度上经受住了时间的考验，但随着竞争的加剧、美国和其他国家的立法变化、政府机构活动聚焦点的改变以及经济影响，一些优势和壁垒发生了变化，更不要提2008年发生了全球金融危机。[1]

优势

"太空创业"领域的许多人会利用的一个相当普遍的优势就是公司实习，学生们准备在学习期间或是毕业后立即"跳入"企业生活当中。太空探戈公司的创始人特怀曼·克莱门茨在读研期间就为其创业打下了基础，此后不久便与一位公司高管合作（该公司的起源与发展会在第6章进行介绍）。

作为必然结果，一些企业家参与到了学术项目中，并且想知道如何围绕这个学术项目建立公司或是扩大现有公司的业务范围，而大学则提供了一个验证概念的场所。科罗拉多矿业大学（Colorado School of Mines）的3D打印机展示了人们如何利用月球表面发现的材料扩大定居点的面积，这台3D打印机是艾康公司

（ICON）的产品，该公司是由大学中的一个研究生杰森·巴拉德（Jason Ballard）创立的。[2]2018年，艾康公司交付了美国第一个获得建筑许可的3D打印房屋；房屋建造从一开始就是该公司的核心业务。科罗拉多矿业大学里的3D打印机就合理应用了艾康公司的技术，这一技术也有潜力让公司涉足太空业务。这个3D打印机大约有一层楼那么高，宽10英尺。它看起来像一个带有喷嘴和电线的坚固框架——可能需要"预组装"，装箱后放在航天器中，然后被送往月球展开工作。虽然大学生在实验室的工作是将月球材料转化为建筑材料，但艾康公司的3D打印机可供美国国家航空航天局、相关公司和投资者查看实际结果。

蒂比茨认为航天工业领域适合创业，而这一领域有着以下几点特征：

● 由客户资助进行研发。在"太空创业"的世界中，技术开发的成本往往由客户承担，大大减少了创业所需的资金。即便是客户（可能是大公司或政府机构）支付了费用，公司仍会保留和开发知识产权以便在未来发展新客户。当然，这种优势不仅限于初创公司，因为大型航空航天公司通过与政府签订合同享受了同样的研发投资。

● 政府资金资助和激励措施。在美国的太空公司，即使仍在创意阶段，也有渠道获得丰厚的发展资金。小型企业创新研究计划

（Small Business Innovative Research，SBIR）、小型企业技术转让计划（Small Business Technology Transfer，STTR）和广泛机构公告（Broad Agency Announcements，BAAs）都能保障公司有合同可签。小型企业创新研究和小型企业技术转让一起被称为美国种子基金。许多其他国家的初创企业也有类似机会，包括其他政府支持的私人投资激励措施。在英国，与小型企业创新研究计划相似的例子就是王子信托基金，它向18~30岁的企业家提供少量资金。与小型企业技术转让计划相似的例子是种子企业投资计划（Seed Enterprise Investment Scheme，SEIS），这是一项英国国内的倡议，提供大量税收减免，以鼓励对英国公司的投资。种子企业投资计划能让投资者在投资的第一年收回高达78%的投资，最高可达150 000英镑（截至撰写本文时为190 000美元）。[3]

●**小型企业创新研究计划。**本计划旨在激励技术创新以满足联邦研发需求，它的特定目标是资助具有商业潜力的创新。该计划的申请竞争激烈，但有证据表明，由于近来申请人数量下降，该计划变得越来越容易成功申请。美国国家航空航天局在2014年做了一项研究，比较了2005年与2014年的小型企业创新研究申请数量：申请数量从1 900份下降到了942份，获选数量则稳定在300份左右，到2018年这个数字超过400，因此该项目理论上应该能够吸引具有商业愿景的初创公司。[4]

●**小型企业技术转让计划。**本计划旨在扩大公有、私有部门的合作伙伴关系，为小型企业和非营利研究机构提供合资机会。在小型企业技术转让计划中，企业必须与研究机构合作。小型企业技术转让计划最重要的作用是让基础科学的成果能够更好地转化为商业化创新产品，即生产和研究的结合。

与太空相关的小型企业创新研究计划或小型企业技术转让计划可以与任意数量的政府机构或军队部门相关联。但对仅用于美国国家航空航天局项目的拨款进行检索后我们发现，2018年有515项补贴，其中大部分来自小型企业创新研究计划（447项）并且大多数用于第一阶段的工作（345项），这意味着公司对新产品或新概念在科学和技术上的优势以及如何将其商业化有清晰的认识。换句话说，他们获得了无股权融资，因为他们的概念清晰，也能证明这一概念对市场具有价值。第二阶段的项目总是能比第一阶段的项目获得更多的补贴，这不无道理，因为这些公司已经在第一阶段证明了他们项目的优点。同时，第一阶段的项目获得的补贴从98 453美元到125 000美元不等——对于一家进入航天工业的创新小公司而言完全足够。[5]

• **广泛机构公告。**本公告涉及科学或研究项目以及一些早期的开发工作。它们是在联邦商业机构网站上在线发布通知，征求任何规模的私营公司的建议。通过广泛机构公告流程提出的提案要经过同行评审或类似的审查流程，并且非常强调要让评审流程体现出全面且公开的竞争。当美国国家航空航天局在2019年初为人类着陆系统发布广泛机构公告时，该机构不遗余力地举办了一次时长3小时的行业论坛，让任何感兴趣的人都有机会确切地听到该机构的需求并向决策者提问。为了展示美国国家航空航天局对此次论坛的全力支持，当时的美国国家航空航天局局长吉姆·布里登斯廷（Jim Bridenstine）也参加了此次活动。

●**低制造量需求。**典型的航空航天项目需要的就是高工程标准、低制造量，非常适合初创公司。一家公司的一项新技术如果能在太空环境下得到认证——可能在一家成熟的公司或航天机构的帮助下，只需要几个样例来说明它所提供的产品的功能，便能获得制造许可。

●**同行的支持。**已成立的航天公司通常为"太空创业"公司的组建提供一种"家长式"的支持。在努力赢得大合同和取得市场主导地位的过程中，它们认识到了来自初创公司的创新的价值以及它们是如何提供竞争优势的。

壁垒

好消息是，为"太空创业"公司设置壁垒的一些情况已经好转。但是壁垒依然存在，并以一些有趣的方式相互纠缠在一起。有意思的是，这种纠缠带来的好处多于坏处。这些壁垒体现在以下几个方面。

● 航空航天市场既浅又窄。客户和供应商的数量相对较少。到21世纪中叶，当太空商业活动很普遍时，情况会有所好转。但目前，短期发展机会有限和利润上限低的现实会让传统投资者萌生退意。

● 大多数这一领域初创企业的创始人缺乏专业的商业知识。在整本书中，很多例子中的公司都是由一个具有科学或技术专长的人与经验丰富的业务主管共同创立的。但与此同时，有很多公司在苦苦挣扎，这些公司的最高领导人是技术发明者，但可能最优解是让更懂商业的人来掌舵。

● 对"航天行业背景"的要求是一道显著的准入壁垒。当你提出新想法时会被质疑道："你为什么会觉得自己了解我们的问题，以及问题发生的环境？"

我们可以从艾康的创始人兼CEO杰森·巴拉德的事例看到他是怎样打破这道壁垒的。他是一位经验丰富的商人，有着保护生物学的教育背景。他的公司主要从事住宅建设业务，因为他长期关注无家可归的问题，并希望以可持续的方法来进行住宅建设和改善。但当他在科罗拉多矿业大学攻读太空资源硕士学位时，他跳进了"太空创业"的环境。他的"航天行业背景"来自与科罗拉多矿业大学的教职员工的合作，以及与依赖学校专业知识和设施的从事太空领域的公司高管的合作。这使他的公司能走上利用3D打印技术为月球表面建造居住设施的这条道路。

● 高质量要求的大量基础设施的制造、测试和配置控制所需要的昂贵成本令人生畏。我们从一个又一个太空企业家或高管那里听到了同样的话：传统意义上讲，这是一项追求完美的业务。当你将人送入太空时，所有系统都应该能够正常运行（尽管一些无人项目并未被如此苛求完美）。对基础设施的高要求是无法避免的，这形成了行业壁垒。然而，政府提供的那种补贴支持可以帮助公司度过这个发展阶段。此外，与大学研究机构合作能帮助公司在看待项目时具有更敏锐的眼光，也能帮助公司为项目招揽到新人才。

● "这是一个封闭的行业，有着独特的政府、质量、国际武器贸易条例和技术方面的要求，这些要求都难以琢磨，难以被看透。"[6]这是2008年所提出的壁垒之一，但现在已经不存在了。据目前的"太空创业"企业家称，政府方面一直在努力提高技术要求的透明度；将出口清关的需求从美国国务院转移到美国商务部正是这种努力的表现。因此，随着各国越来越能熟练区分军事技术和太空探索技术，国际武器贸易条例有所放松。政府掌控的政治利益当然会影响一个国家对法律法规的解释。克里斯·麦考密克（Chris McCormick）创立了一家名为"触及广博"（Broad Reach）的公司，该公司以非常复杂的高价值航空电子设备而闻名，他认为国际武器贸易条例等法规不应被视为航天公司的重大壁垒：

有很多人抱怨国际武器贸易条例。触及广博公司在国际上销售的很多东西都必须符合国际武器贸易条例要求，所以我们在这方面有很多经验。如果你想出国旅游，那你必须先办个护照，不然你出不去，目的地国家也不会让你入境，这是好是坏？这只是流程而已。如果你要开展国际贸易业务，那么为国际武器贸易条例做相应的文书准备工作就是开展业务成本的一部分。批评国际武器贸易条例最狠的人就是那些从没实际着手做过这些准备工作的人。[7]

克里斯·麦考密克于2012年以4 650万美元的价格将触及广博公司出售给穆格公司，他现在是行星Q公司（PlanetiQ）的联合创始人兼董事长，专门从事天气预报和气候监测方面的高效数据工作。他指出，美国政府不仅撤销了航天公司相关的管制，而且还设立了职位来帮助这些公司驾驭仍然存在的法规。例如，担任美国商务部太空商务办公室（Office of Space Commerce at the US Department of Commerce）主任的凯文·奥康纳（Kevin O'Connell）的任务是成为政府中的太空产业官方倡导者。[8]他的任务是制定法规，既保护政府利益，又为不断增长的商业航天工业保驾护航。

● 航空航天业是"关系驱动的"，关系需要时间来发展。但反过来说，相对较少的客户和供应商让大家都能知道参与者有哪些，然后寻求关系。这可能需要一些时间，但与许多其他行业相比，建立关系更容易。难点在于通过专业、卓越且稳定的表现来建立信任；你必须获得"航天俱乐部"的会员资格。

● 扩张时需要从有限的人才池中挖掘到人才。但是，人才池的大小已经从浴缸变成了湖泊。全球众多大学现在提供直接支持"太空创业"活动领域的课程。然而，在火箭设计等领域存在的关键问题是，很少有人有大量的实践经验，换言之就是将他们自己设计的火箭发射到太空。

简而言之，对于面临一些独特挑战的"太空创业"初创企业来说，显然有一些潜在的积极应对方法。有限的客户和供应商意味着你可以在相对较短的时间内找出关键参与者并尝试与他们建立关系。有了这个基础，就可以通过与企业、大学和政府中的其他人合作来积累太空飞行行业背景。随着与太空探索相关的学位变得越来越多样化，越来越多的人才涌入航空电子技术、遥感、机器人和能源管理等领域。

初创公司的共同点

当斯科特·蒂比茨对"太空创业"公司进行分析时，他也将他刚刚出售的公司纳入在内。在他回顾自己公司的里程碑事件时，他发现那些重要事件实际上是在重蹈其他公司的覆辙，这些公司的经历是他从个人经验或研究中所得知的。[9]他认为，这些共同点本质上并没有积极消极之分，只能说明有固定的模式，可以用于提醒其他企业家注意到即将面临的麻烦或即将迎来的成功。自他2008年开始分析研究"太空创业"公司起，其中许多共性仍然存在。如果你浏览太空强盗（Space Bandits）网站上列出的对于初创公司的描述，不难发现世界各地的公司仍然存在一种普遍的模式，即由技术专家创始人自筹资金创立公司，并且处在初创阶段时公司员工少于10人，这些员工拿着低工资，用自己的血汗劳动换取公司部分期权。[10]

经过总结，我们可以看出这些公司简介中的关键共同点。

● 由一位或多位具有强大技术背景但商业经验有限的创始人建立。商业知识是在工作中积累起来的，因此缺乏专业知识可能会阻碍公司的成长和成功。

● 业务建立在广泛认可的行业技术需求或创始人在特定航空航天领域内公认的能力之上。

● 启动资金主要用于为创始人争取到签下第一份合同的时间。启动资金是由朋友和家人提供的，也可能是众包提供的。同时员工都靠低薪劳动换取公司部分期权，进行着血汗劳动。

● 启动资金非常少，通常少于100 000美元。

● 能很早地（有时第一年就能做到）通过签下第一份合同或申请到小型企业创新研究计划勉强维持生存。

● 求生阶段会持续，直到名声得到传播。

- 在求生阶段签下一个非常重要的合同后开始进入发展期。

- 发展面临挑战，难以提供更高的产量，需要专业高级人才。

- 合适的发展速度能使公司自给自足或是有收支、有结余。

我们选择介绍的3家公司中有2家在太空业务方面有数十年的历史。发展过程揭示了这些共同点是如何随着时间的推移而出现并发挥作用的。另一家公司迄今为止只有5年的历史，但我们仍能从中轻松发现相同点并看清其发展的时间线。

星河公司：从车库到火星

被蒂比茨称为星河研究（Starsys Research）的组织最终成功成为一家为航天器提供机械系统的公司，[11]它的发展模式也反映出了创业公司共同的发展模式：从伟大的想法和血汗劳动开始，他建立了一家价值数百万美元的公司，并实现了自己的梦想。

星河公司发展的关键里程碑如下。

- 1988年，蒂比茨还在为一家热水器公司工作。他认定家用热水器中的某项技术可以用于太空，即用石蜡热制动器替代爆炸螺栓。可以说他之后是靠蜡烛和五金店中价值7.2美元的零件创建了一家太空公司。[12]

- 热水器公司"孵化"了这家航天公司，直到公司收支平衡——基本上就是家长式的安排。

● 美国国家航空航天局喷气推进实验室没有提供资金，但确实提供了技术援助，以帮助星河公司对其技术进行了太空验证。

● 第一份飞行硬件合同是在公司成立9个月后签订的。随之而来的是星河公司得到行业认可所需的航天背景，这点是来自行业和政府的资金资助方所看重的。

● 来自朋友和家人的10 000美元投资加上勉强维生的合同就可以熬过第一年。这时期也是血汗劳动的时期。

● 1989年的多项合同使公司自给自足，让星河能够离开孵化器并雇用核心员工。

● 客户倡导鼓励开发航天机械。星河的核心产品线随后转变为航天机械。

● 1992年，公司销售额达到300万美元，拥有20名员工。一份价值300万美元的合同促进了公司的转型与增长。

● 1999年，星河的销售额达到了600万美元，拥有60名员工。然后它收购了一家太空电机技术公司，进一步促进了其发展。

● 电机技术能力在接下来的几年中推动了40%的销售额增长，销售额达到1 800万美元。到2005年，已有150名员工加入，公司能提供广泛的技术产品。

● 高发展速度带来了公司扩张和成长资本两方面的挑战，导致太空发展公司（SpaceDev）在2006年收购星河公司，该公司得以获得额外资源来支持其发展。

● 到2008年，星河公司成为太空发展公司旗下的一个稳定带来2 800万美元销售额的部门，提供航天器可部署架构、航天器机械和航天器制动器三种产品。

在任何一家成功公司的生命周期中，至少有一个时刻是转折点，让人有底气说："我们做到了！"和无数其他成功将发明带入太空的公司一样，对星河公司来说，那一刻是戏剧性的。这种戏剧性的瞬间甚至可以被认为是这类公司的另一个共性。

2004年1月3日晚上9点28分，星河团队的85人聚集在科罗拉多州博尔德的假日酒店。他们手里拿着香槟，准备为胜利干杯——至少他们希望能成功。他们屏住呼吸，盯着屏幕上那几个紧张的飞行控制员，那几个飞行控制员正身处加利福尼亚州帕萨迪纳的喷气推进实验室之中。每个人都在等待着同一件事，等待着1.4亿英里外的火星探测器发出哔哔声。只有当他们制造的所有几十个设备脱离地球引力并在太空中飞驰8个月后都能完美运行时，哔哔声才会响起。

不到一分钟，控制室里的人们开始大叫、欢呼、相互拥抱。他们听见探测车发出的哔哔声了。那是探测车在说："我还活着！"星河公司的硬件发挥了作用，帮助美国国家航空航天局将首个移动科学实验室送上了另一个星球。

几分钟后，画面转为新闻发布会，喷气推进实验室媒体关系办公室的维罗妮卡·麦格雷戈（Veronica McGregor）说："晚上好，我们在加利福尼亚州帕萨迪纳的喷气推进实验室，同时我们也在火星。""勇气号"火星车项目经理皮特·泰辛格（Pete Theisinger）忍不住笑了。[13]他宣布："我们到达火星表面了！"他承认，这场伟大的胜利是"整个团队的成就"。

我们在制造一些零件时遇到了麻烦，科罗拉多州博尔德的一家公司接受了挑战，帮助我们制造零件。我前去拜访他们……我坐在一栋小楼面前自言自语道："如果他们无法完美地完成工作，那我们就都会失败。"[14]

随着消息传遍全世界，假日酒店里集合的团队也开始放飞自己的情绪。

当天晚上晚些时候，蒂比茨回家打开了美国国家航空航天局的网站，希望有更新内容。下载花了一些时间，但从火星传回来的第一张照片展现在了他的屏幕上。

这是一个神奇的时刻，我与成千上万人一起观看这张几分钟前在另一个星球拍摄的第一张照片，观看着这张地外天体的基岩照片。

几分钟后，我注意到照片里有不同寻常的东西。在中间偏左的位置，航天器发动机上有一个模糊的斑点。我点击鼠标放大照片。

"不可能！"

我们公司的标志成了焦点，它在几分钟前距地球1.4亿英里拍摄的照片上清晰可见。

第二天我发现，两年前，我们的一位设计师研究了拍摄第一张图像时相机会面向哪个方向，随后指定了星河公司徽标的位置，以便两年后它成为舞台的中心，这是他送给公司的礼物。[15]

蒂比茨的故事暗示了"太空创业"公司之间的另一个共同点：超出预期的使命感和忠诚度。

西克：廉价零件+敏锐头脑=峰回路转

西克工程公司（SEAKR Engineering）是先进航空电子设备和太空应用的领先供应商，其发展简史说明了许多观点，而且与上文勾勒出的时间线相符。[16]西克故事的关键附加要素有以下几点。

1.成功与失败是如何并存的。在太空探索这种技术发展迅速且成本高昂的行业中，这种情况并不少见。

2.精明且富有创造力的人为何能将现成的零件转变为符合太空标准的技术产品。他们的设计工程成本与竞争对手相近，但原材料成本却低于竞争对手。

西克是由退役空军上校雷·安德森（Ray Anderson）和他的儿子斯科特于1982年创立的，创始人都曾担任过罗克韦尔国际公司（Rockwell International）的工程师。当时小型企业创新研究计划刚刚发布了第一份庞大的融资机会编目表。安德森一家研究了一下，然后瞪大了眼睛。政府第一次需要固态记录器。该设备旨在利用固态存储代替航天器上的磁带存储。斯科特·安德森有信心能造出这个固态记录器，再依靠他父亲在行业和政府中的人脉，这可以成为一个很好的起点。在赢得第二阶段合同后，雷的另一个儿子埃里克加入了团队，然后是在20世纪90年代初加入团队的库尔特。

虽然第一次努力在技术上是成功的，并且将公司变成了符合太空标准的存储器供应商。但西克在开发面向未来的产品时选择了错误的技术——磁泡存储器。[17]他们的推测其实是合理的：磁泡存储器抗辐射能力极强，而且在电源关闭时不会丢失数据。从技术层面上讲，将它作为磁带存储器的代替品是有进步意义的。但它也有缺点：磁泡存储器是一个沉重的设备，用户使用体验不佳，而且成本也不够低。

通过总裁兼首席运营官埃里克·安德森所说的"汗与爱的艰苦工作"，[18]公司在没有合同和资金的情况下度过了随后的两年"干旱期"。他的配偶也是一名技术专家，曾是西克的第四位员工，后来暂时离开西客公司去别的地方工作，从而保障西客公司有稳定的现金流来源。在那段时间里，团队从失败中吸取了教训，找到了新的发展方向。他们将自己的专业知识和经验用于未来存储技术：动态随机存取存储器。

20世纪90年代初期，是动态随机存取存储器替代磁带储存器并获得广泛认可的时期。可以说，西克公司随后通过采用技术、财务意识战略在竞争中领先：了解团队的能力、确定可用资源，以及了解如何以最具成本效益的方式应用这些资源来解决客户问题。

1990年，西克公司赢得了克莱门汀计划的合同，这是一项在月球上寻找水的实验，由美国海军研究实验室牵头。对西克公司来说幸运的是，该项目的资金无法匹配其高端的目标。埃里克记得："他们钱不多。当时，他们为该计划创造了一个标语——'更快、更好、更便宜'。他们负担不起找大公司采购这种存储器的费用，所以他们找到了我们。"[19]西克公司按时交付了产品，在预算和规格方面赢得了监督该项目的上校的认可。上校的支持吸引了其他客户找到该公司，最终让西克公司赚到了钱。与海洋和辐射带监测相关的海星（SeaStar）和顶点（Apex）项目的合同很快就接踵而至。

那时的西克公司是一家稳定的公司，拥有17名员工，年收入为400万美元。其运营模式在年轻的航天公司中屡见不鲜——将廉价部件与高水平的技术专长相结合。这种模式也出现在了火箭业务中，"更快、更好、更便宜"是那些旨在将游客和其他有效载荷送入近地轨道的公司的口头禅。

西克公司能够以竞争对手五分之一的成本提供动态随机存取存储系统的原因是他们使用了商业动态随机存取存储器。相比之下，竞争对手使用的是抗辐射静态随机存取存储器。但是，计划将产品送入太空的政府客户是否会坚持使用抗辐射的设备呢？即保证面对高能粒子时，"1"不会变成"0"。这些高能粒子被困在了地球的辐射带上，无法避免。除非保护措施到位，否则它们将对送入太空的电子设备造成严重破坏——但保护费用相当昂贵。

西克公司的工程师用了不同的方式来解决问题，他们为客户提供确保数据完整性的产品，并且以竞争对手五分之一的成本做到了大约4倍的密度。

● 动态随机存取存储器每个晶体管就能存储1比特，而静态随机存取存储器需要4个晶体管。

● 之所以能够成本节约是因为商用动态随机存取存储器的成本约为400美元，而抗辐射静态随机存取存储器的成本为2 000美元。

● 数据保护源于卓越的数学方法。纠错代码是一种存储额外数据、重新创建数据的数学方法。这是一项曾用于磁盘驱动器的技术，但西克公司将其应用于动态随机存取存储器。强大的纠错代码将重新创建任何损坏的数据。

这时的西克公司有底气说自己有强大的行业关系和卓越的技术。1995年，洛克希德·马丁公司授予该公司一份价值4000万美元的促进转型的合同，西克公司创始人将公司及其20名员工迁至丹佛以履行该合同。该合同促进了行业对公司的认可。紧随其后的还有两份大合同，使西克公司能够在固态记录器市场上处于领先地位。从那时起，竞争对手面临着三个不利因素：他们在技术上落后，因此变得不那么重要，最后导致错过了拿下合同的机会。

对西克公司而言，发展和多元化紧随其后。眼看未来风向即将发生变化，他们将注意力转向了卫星的计算及处理系统。截至2019年，公司拥有员工450人，年收入1.3亿美元。

轨道微系统公司（Orbital Micro Systems，OMS）：具有战术价值的天气数据

布莱恩·桑德斯（Brian Sunders）是一个非常害羞的孩子。他的一年级老师要求他每天向全班进行天气预报，以此培养他的人际交往能力。这项任务使他充满活力。他会在5点钟和父亲一起起床，赶上清晨的天气预报。在他生日那天，他甚至还去了当地的电视台，在演播室里观看了现场直播的天气预报。[20]

作为轨道微系统公司的联合创始人，气象数据成了他职业生涯中不可或缺的一部分。轨道微系统公司旨在让对物流敏感的客户能获取有关天气和地面条件的实时、可执行数据。让微波遥感技术与数据系统相结合，可将可搜索信息及时分发给客户。该公司服务的主要目标行业包括农业、航空、灾害响应、金融、能源、保险和海事。

该公司是由科罗拉多大学博尔德分校的一个团队创立的，他们清楚过往的任务具有很高的盈亏底线且需要专业的仪器，但这些仪器无法提供许多组织所需的气象数据。如果政府没有继续投资发射巨大且复杂的气象卫星，那知识储备可能会继续减少。然后在2014年的某个时候，他们突然想到：也许我们可以将这项技术小型化——具体来说，就是使用广泛分布的小型卫星来有效地在全国和全球范围内实现气象信息的大众化。他们接触了在许多大学实验室中蓬勃发展的立方体微型人造卫星项目，然后领悟了许多。立方体微型人造卫星是指在太空中执行研究项目的微型卫星。美国国家航空航天局的初衷是帮助学术机构开发太空项目，而想要实现这一点，则需要减少国际空间站在科学原理和制造方面的使用障碍。

在科罗拉多大学博尔德分校时，桑德斯是科罗拉多太空基金财团的副主任，该财团隶属于美国国家航空航天局的STEM［科学（Science）、技术（Technology）、教育（Education）和数学（Math）］部门，让学生能够亲自动手体验真实世界中的飞行。在组建轨道微系统公司的过程中，他与在微波辐射计、美国国家航空航天局数据分发系统和其他方面具有关键技能的世界知名专家一起创办了一家地球观测卫星公司。

和当前太空商业化环境中出现的其他许多太空公司一样，他们牢牢地将关键领域的专业技术知识基础与市场的强烈需求结合在了一起。与之前解决复杂技术问题的许多公司一样，轨道微系统公司花了大约3年时间才开始从太空中进行观测。轨道微系统公司于2019年4月发射了它的第一颗卫星——大约有一个鞋盒那么大，并且从那之后不久就一直在获取运行数据。

让我们回到20世纪70年代，当时美国国家航空航天局戈达德太空飞行中心的遥感科学家正根据地球资源卫星的数据进行研究。甚至在此之前，卫星就在为我们的世界拍照，但地球资源卫星计划在向地球上的政府和企业提供可用数据方面开创了先例。这个美国国家航空航天局和美国地质调查局发起的联合计划，是目前存在时间最长的记录地球陆地情况的持续天基记录计划。[21]

借助地球资源卫星，地球上的科学家可以在全球范围内观察气象及其影响。毫无疑问，它很有价值，但即使在其被开发出来几十年后，它也没有达到实时观测的水平。推动轨道微系统公司进行研发的核心理念是希望提供一种低成本的解决方案，以经济实惠且无差别的方式提供类似于地球资源卫星计划所能提供的数据。

借助轨道微系统公司的技术，人们可以看穿云端。人们可以提取出大气的3D温度曲线或湿度曲线，并专注于提供这些影响人们及其生计的数据。桑德斯指出：

我们看到，促进太空公司发展的动力都是对于推动技术大众化的追求：让技术易于使用且价格实惠。同时，这不应该被认为是利他主义。政府资助的活动无法满足也无意满足市场需求，而新的太空公司正在以自己的方式来满足这些需求。

我们的数据和地球资源卫星计划的数据一样非凡、全面和强大，问题是：我们如何使大数据对终端用户产生价值？这就是轨道微系统公司正在试图以不同方式所做的事情——建立自己的数据收集存储库，并与其他相关数据（例如来自地球资源卫星计划的数据）进行整合。目标就是将所有这些数据融合到一个通用的网格数据产品中。[22]

在太空探索的商业化过程中，尽可能绕过官僚机构这一想法显然已经在"太空创业"公司的商业计划中占有一席之地。下面这个案例，说明了像轨道微系统公司这样的私营公司如何做到这一点的：如果在农民播种时土壤温度不利于发芽，则可能会由于发芽有限而导致产量急剧下降，甚至会造成灾难性的后果。在重新种植为时已晚之前，农民的保险公司可能会与他联系并说："我们有数据表明情况有所改善，现在应该重新种植。"这种前瞻性的战略信息对多个行业的价值是巨大的。轨道微系统公司与保险公司之间的企业与企业（B2B）关系在提供实时关键数据方面比政府与企业（G2B）关系更有效。

与本节中介绍的其他公司一样，轨道微系统公司也从小型企业创新研究计划中受益。桑德斯说："小型企业创新研究的资助对像我们这样的小公司来说非常有用。"[23]

在行业中取胜的标准

克里斯·麦考密克在他与航天公司合作的几十年中一直有一个指导性原则。他会以一个略有挑战性的问题将这原则传递给其他企业家：如果您的产品与其他竞争产品一起放在货架上，而且每个产品都是免费的，那么客户为什么会选择您的产品？当您对竞争对手有着深入了解并且确定自己的产品十分卓越时，您自然会赢得客户。相反，当您认为自己和自己的公司是靠炒作取得领先时，就应该回到绘图板前好好打磨产品。

人们常常以钱为重。我要做这个，我要做那个，并且回报额

得是投资额的3倍。他们应该好好讨论下自己想做什么。他们应该
问自己："为什么会有人买它？客户需要什么？为什么你做的事
很重要？"[24]

基础设施：政府愿景与行业实施

不论公司大小，我们都得采取全员参与的方式，使太空探索
和定居的愿望早日实现。

随着人类带着商业目标进入太空，自然会有人开始将自己视
为太空居民而非游客。在某些方面，他们会像美国早期向西推进
并在印第安纳州、俄亥俄州（Ohio），以及最终从东海岸到加利福
尼亚州的所有其他地方建造家园的人一样。在此过程中，他们创
建了基础设施，使自己能够在新环境中安全、高效地生活。在其
他方面，他们与响应"向西前进！"（Go West!）这一使命的冒险
者大不相同。

太空基础设施的发展必然与地球上的开拓时代不同。当太空
定居者到达他们要去的地方时，他们需要已经准备好或准备部署
基础设施的关键要素：例如通信、交通管理系统和居住设施。

在愿景方面，各国政府可能在研究如何建设基础设施方面处
于领先地位。然而，实际上，满足这些基本需求是这个行业（航
天）将要做的事情。其实，这并不是一个有缺陷的方法。这是一
种渐进而有效的方法，但它可能会使管理和获取基础设施组件的

方式复杂化。

人们共享基础设施。当鹿穿过高速公路时，鹿也会共享基础设施。然而，我们在太空中的情况和地球上的并不一致，其中基础设施可能主要依靠投资资金而不是税收来建造。对于如何应对这一挑战，并非没有历史先例可供参考。1970年，加州联合石油公司（Union Oil Company of California）和优尼科公司（Unocal Corporation）在印度尼西亚沿海发现了石油。这个油田被称为阿塔卡油田，位于望加锡海峡12英里外；最近的陆地是东南亚的婆罗洲，即加里曼丹岛，那里没有基础设施——没有道路、建筑物或设备。但阿塔卡油田有且仅有一个吸引人的地方：至少可开采4亿桶石油。[25]在接下来的7年中，联合石油公司耗资5亿美元开发阿塔卡，以及该公司发现石油的其他4个位于加里曼丹的地区。尽管印度尼西亚政府对优尼科公司施加了限制——外国公司只能是此类站点的运营商，而不是所有者，因此控制权是有限的，该公司多年来还是获得了巨额利润。目前雪佛龙石油公司仍然是印度尼西亚最大的石油生产商之一。该公司可以建造基础设施但没有所有权，而加里曼丹岛经过私营企业和政府的开发得以持续发展。

开发太空的最终目标也是参与其中的公司的最终目标：创造利润。将获取利润与进行太空探索和定居这一使命相结合，最终可以促成以下结果：政府出资建造基础设施，保障人员的安全以及旅行的高效，并保持良好的地外工作和生活条件。

第4章　太空中的政府

"美好意愿"月岩（Goodwill Moon Rock）象征着政府间的互动，前提是所有国家都愿意共同探索太空，并分享探索太空带来的回报。这是一个很大的"前提条件"，但至少人类有尝试以积极的意图开展太空项目。这些岩石是从"阿波罗17号"宇航员哈里森·施密特（Harrison Schmitt）捡起的2.95千克的大块月岩上切割下来的，135个国家的元首都收到了一块月岩，美国的每个州也收到了一块。1972年12月与施密特一起在月球漫步的宇航员尤金·塞尔南（Eugene Cernan）描述了他们为什么选择将那个特定的样本带回地球：

　　这块岩石是由大小不一、形状各异的许多碎片组成的，这些碎片可能来自月球的各处，可能有着数十亿年的历史。但是这些大小形状甚至颜色都不同的碎片聚在了一起，形成了一块有凝聚力的岩石。这些碎片以一种非常自然的方式黏合在了一起。当我们将这块岩石或其他一些类似的岩石交给休斯顿时，我们想与世界上许多国家分享这块岩石的一部分。我们希望这能成为我们感情的象征，是阿波罗计划感情的象征，也是人类的象征：我们可以和平、和谐地一起生活在未来。[1]

塞尔南的一席话有着吉恩·罗登贝瑞（Gene Roddenberry）的《星际迷航》背后所蕴含着的乌托邦情结。然而，世界各国政府普遍没有按照这一剧本走下去。

治理

对于太空中的政府，我仍然要将其置入一个基于地球生态的框架来讨论，因为我们距离在月球或火星上建立定居点还有很多年的时间。导致关于治理意见产生分歧的关键问题是"谁拥有什么？"地球上的政府可能已经基本同意不在他们能够登陆的天体上的任何地方插上自己国家的旗帜，但来自不同国家的公司希望有权插上"公司旗帜"，这意味着他们有能力拥有和控制他们发现的东西。因此，在治理方面，太空商业化会产生深远的影响。

在由亚历山大·汉密尔顿（Alexander Hamilton）撰写并于1787年出版的《联邦党人文集》（*Federalist Papers*）中，这位政治家和学者想探究"人类社会是否真的有能力通过深思熟虑和自由选择来建立良好的政府，还是说人们是否注定要永远依赖机遇和强力来决定自己的政治体制。"[2]从那时起，人类已经证明他们有反思和选择的能力，但随着太空活动的快速发展，意外与强力的侵入很有可能影响太空治理。虽然汉密尔顿不会同意，但我们可能会受到来自政治光谱两端的影响。人们已经依据联合国的倡议和条约展开了一些工作，这是一个进行积极主动探索的良好基础。太空探索中的"意外"和由企业驱动的"强力"无疑会在人们面对高速变化时带来颠覆性的作用。

在美国宇航员在月球上插入星条旗的几年之前，林登·约翰逊总统面临着一个外交难题：登陆月球的国家是否首先获得了它的所有权？如果美国能击败苏联抢先登月倒无伤大雅，但没法保证苏联会输掉这场比赛。如果有几个国家登上月球并试图在上面架设武器装备，瞄准其在地球上的敌人呢，或者说偷一些天价的东西，那又该怎么办呢？

1966年9月，电视机前的观众在《星际迷航》第一集播出后，第一次听到了"星际联邦"这个说法。观众们一般称其为"联邦"，代表着支持和平、合作探索太空的国际和星际政府。在"联邦"登上电视荧屏3个月后，联合国批准了《外空条约》，其正式名称为《关于各国探索和利用包括月球和其他天体的外层空间活动所应遵守原则的条约》。几周后，美国、苏联和英国带领各国签署了该条约。该条约禁止各国将核武器或其他大规模杀伤性武器送入地球轨道，或部署在月球和太空中的其他天体上。该条约还规定，任何国家不得将月球或其他天体占为己有。

20世纪60年代中期是一个国家冲突频发的动荡年代，但也是各国在太空和平共处并追求多元化治理的时代——这在科幻娱乐作品及现实世界的太空竞赛中成为主流。

截至2019年，共有132个国家签署了《外空条约》。从理论上讲，似乎世界各地的《星际迷航》粉丝们的梦想能够成为现实：太空中的国际关系将比地球上的国际关系和谐得多。一个重要的原因是，没有国家能够拥有它所发现的东西。这一点对《外空条约》的起草人员而言非常重要。条约第1条明确规定了共享规则：

探索和利用外层空间（包括月球和其他天体）的活动，应为地球上的所有国家谋取福利和利益，不论其经济或科学发展程度如何，且一切外层空间应为全人类的开发范围。

所有国家可在平等、不受任何歧视的基础上，根据国际法自由探索和利用外层空间（包括月球和其他天体），自由进入天体的所有区域。

各国应有对外层空间（包括月球和其他天体）进行科学考察的自由；各国要促进并鼓励这种考察的国际合作。[3]

小行星和月球表面的成分曾经让科学家们兴奋不已，但随着它们中含有丰富的贵金属（金、银、铂）的消息传开，企业家们开始变得像在19世纪中期赶到加利福尼亚的探矿者一样，渴望登上小行星和月球。在意识到小行星也含有铁族金属后，其他企业家也意识到在近地轨道天体中发现的这些岩石，将为近地轨道建设项目以及月球设施建设提供重要的原材料。

获取天体资源这一想法既令人兴奋又让人困惑，所以之后发生的事也是不可避免的。2015年，美国国会通过了《美国商业太空发射竞争法案》（*US Commercial Space Launch Competitiveness Act*），共和党和民主党都支持该法案。虽然这个法案以具有分享与合作意味的声明开头，但法案名称则暗示着利益竞争。该法案标榜的目标是：

1.促进美国公民对太空资源的商业勘探和商业回收；

2.美国政府应履行其国际义务，减少对美国境内发展经济上可行、安全和稳定的太空资源商业勘探和商业回收行业发展的限制；

3.根据美国应履行的国际义务，在联邦政府的授权和持续监督下，保障美国公民在不受到有害干扰的情况下从事太空资源商业勘探和商业回收工作的权利。[4]

阿拉伯联合酋长国和卢森堡也颁布了批准私人公司开采天体的法律。一些国家引用1979年的《月球协议》谴责这些法律，该协议是1967年《外空条约》衍生品。该协议明确禁止对月球资源进行商业开发，但没有实际约束力，只有6个国家签署了该协议，而且签署国不包含俄罗斯、中国和美国。

虽然人们出于各种善意，希望让国际社会能接受共享财富模式的条约，但是太空探索活动毕竟是昂贵的，政府无法或不愿仅用税金来为探索活动提供资金。此外也有人们对共享财富模式的不满这一因素在起作用。美国用其年税收的0.5%左右为美国国家航空航天局提供资金，也就是每年大约200亿美元。如果让索马里向太空计划提供同样比例的资金，换算成美元这个数额会是700万美元，更不要提索马里没有太空计划也没法开发太空探索所需要的基础设施。然而，作为世界上最贫穷的国家之一，如果理想主义者心中的共享财富式的探索能够推进，那么索马里能从中获取大量利益并使本国经济得到巨大发展。

现实情况就是，太空探索需要私营企业，同时与政府机构达成合作，这样才能解决太空探索所带来的财务挑战。如果太空活动的控制权掌握在世界各国政府手中，我们将永远被困在地球上。2015年的美国法律固然有争议，但也只是现实的反映：太空探索对人类具有巨大的潜在利益，但如果不给予私营企业利润激励，我们将没有资金来开展太空探索。

因此，治理太空的难题是如何将平等和共享的理想原则与激励公司和冒险家的实际必要性相结合。

这些企业冒险家也会让人类先驱从冒险中获得个人利益。先驱们将在月球上建立一个定居点，最终会组织成一个政治实体。其他人将建立另一个属于他们自己的定居点。在那里有他们成立的组织和制定的规则。

当这样的定居点存在时，定居者会自治并为月球上的基建投资缴税吗？还是说他们各自的政府会因为他们仍然是国家的公民，因而从他们的收入中分一杯羹？联合国是否会对基建资金进行监督？再或者，他们作为月球居民的身份是否意味着他们根本不必纳税，因为在月球上占主导地位的公司将负责建设与安全、交通、电力和房屋相关的基础设施？外交界秉着"反思与选择"的积极进取的精神对这些核心治理问题进行了思考。与此同时，他们对不可预测的发展最终会带来怎样的结果非常好奇。

衡量"反思与选择"这一概念在多大程度上指导着太空治理的指标之一就是各国在空间活动上的合作程度。

追求平等还是卓越

在许多实际情况下，各国政府在太空任务中表现出了非凡的合作能力。一个典型的例子就是加拿大、部分欧洲国家、日本、俄罗斯和美国的航天机构在一项政治情况复杂的计划中进行合作，以维持国际空间站的运作。他们有充分的理由这样做。根据战略与国际研究中心（Center for Strategic and International

Studies）的一项研究，促成这种高水平合作背后的持续动力和新兴动力主要可以归结为四个。尽管学者们在2006年就提出了他们的发现，但他们的结论现在仍然正确，并且他们对这份结论背后所面临的挑战仍然有着敏锐的观察力。

学者们抛出了问题："为什么各国选择合作探索太空？"[5]他们将背后的动机列了出来：

- 节省资金；
- 建立外交声誉；
- 提升政治上的可持续性；
- 维持劳动力的稳定。

从表面上看，这些现实的原因听起来都像是在发扬"美好意愿"月岩的精神。然而仔细研究就会发现，认为每个国家都会在太空探索方面独自追求卓越这一观点是无稽之谈。

节省资金

在没有国际合作的情况下，无力承担太空探索目标的国家会喜欢节省资金的方案。然而地球上有"两头大象"：美国和中国；中美两国都能独自承担探索太空的成本，无须与其他国家合作。在太空中占据主导地位的计划会有一个障碍，这个障碍就是这两个国家对私人企业的依赖。只要全球经济存在，那么执行任务的公司所提供的设备和系统就不可能纯粹来自中国或美国。然而在全球经济中，中美两国都采取了减少"交叉污染"的措施。两国以国家安全为由，限制企业向对方出口敏感技术——本章稍后将探讨这个话题。对中美两国而言，在地球上维持军事和技术优势更为重要。

建立外交声望

卢森堡积极进军太空的举措说明了一个国家是如何将太空探索作为外交工具来提升本国的国际地位的。卢森堡只有罗德岛那么大，这个岛是美国最小的州，换言之，美国比卢森堡大3803倍。但是就是这样的一个国家，将与美国国家航空航天局签署一份协议备忘录，共同开展太空活动。另外，卢森堡对行星资源公司投资了1200万欧元（截至本书撰写时合1320万美元，也全部亏损了），这家公司是一家为开采小行星而成立的美国公司。两国的参与向世界发出了美卢关系牢靠的信号，但实际上这个事件所产生的外交声望都属于卢森堡。这个与比利时、法国和德国相邻的欧洲小国需要与美国政府及商业太空活动建立联系，而美国并不是那么需要卢森堡。

卢森堡也采取了其他行动来提高知名度并加强与全球航天界的关系。首先，它为航天公司提供了一个宽松的法律环境。另外，法律赋予了在卢森堡开展业务的公司拥有探索所得并将其商业化的权利。而在这一领域，美国的相应条款仅适用于大多数美国公司。该法律是否能经受住来自国际社会的挑战尚不明确，一些人认为卢森堡和美国的法律都与1967年签署的《外空条约》背道而驰。有迹象表明，卢森堡结交到的朋友多于敌人，所以它的外交声望可能会不断提升。

提升政治可持续性

当政府选择在国际空间站等太空活动上进行合作时，他们至少会在一个领域拥有可以相互信任和依赖的感觉。合作国建立了一种能够展示价值的伙伴关系，以便能够在其他领域共同面对财政危机和充满争议的议程。这种国际关系在某个方面为各国带来了希望：如果能达到共同目标，那么即使是和与自己处于半敌对关系的国家，也可以保持一种更富有成效的合作关系。对于一国之首来说这种想法很多时候并不成立，因为在这样的国际关系下，他/她会认为自己的国家没能扮演主角。在这种情况下，政治可持续性似乎并没有那么重要，与携手共进相比，还是鹤立鸡群更有吸引力。潜在的逻辑是："如果你能独自支配太空，那为什么要合作呢？"

维持劳动力的稳定

传统意义上来说，在美国航天企业工作的人可能会发现国际合作加强了就业的稳定性。然而合作意味着对进出口的放松，工作机会就更有可能因为外包而变得不稳定。另外要考虑到的是，各国可以创立并且正在创立激励措施来吸引企业迁入本国。简而言之，劳动力的稳定性是战略与国际研究中心确定的合作原因之一，但这一稳定性已被经济全球化趋势削弱。

公法和私法

太空活动的国际合作促进了各国在制定国际空间法上的思考和前瞻工作中达成了共识。但是，正如我们在治理太空的章节里所指出的一样，太空商业化为许多国家制定政策和法律的尝试增添了一丝被动性。

在1988年，爱荷华州立大学出版社出版了《美国空间法》（*American Space Law*）一书。作者内森·C.戈德曼（Nathan C. Goldman）是休斯敦大学研究空间法的兼职教授，他还写了另一本书，名为《太空商业：高边疆中的自由企业》（*Space Commerce:Free Enterprise on the High Frontier*）。显然，私人企业对他而言非常有吸引力。

戈德曼的书分为国际空间法和国内空间法两部分，并在书中提出了许多新颖的想法，其中很多想法经受住了时间的考验。

和其他关注旨在对太空活动施加影响的地球法律不同，他在书中将研究重心放在了太空中的私法和国内法。公共法涉及政府机构批准太空药品制造等会引起公众关注的事务，而私法则涵盖反垄断、保险与合同等问题。

他首先断言，空间法有两个阶段。第一个阶段从1957年持续到1981年——从苏联成功发射第一颗人造卫星到世界上第一架航天飞机升空，他称为"国际公法时代"。[6]在这个阶段，美国和苏联会争夺在太空的主导地位。接下来是第二个阶段，即商业太空开始发展，跨国交流的呼吁也开始出现。

然后戈德曼做出了一个断言。当我们审视政府在太空中扮演的角色时，我们应该对这一断言进行辩论。

在空间法领域，随着大多数空间条约效力的衰退和过时，并开始出现向外层空间国内法转变的趋势，我们将迎来新的时代。在外层空间国内法下，私营企业和其他人员将开始进入太空，而且面对的是自己国家的法律。[7]

这些效力衰退和过时的条约所蕴含的是展开合作和共享成果的精神。这些条约在实际的风险管理、知识产权和反垄断法方面的专家看来可能很幼稚——这些都是所谓的私法，但随着政府太空活动的不断发展，这些条约不应被视为无关紧要的文件然后被无视。人们在以上这几个方面的需求（私法方面的需求）也不应该由公法来满足，因为公法的目的不仅在于建立一种国际公共法律秩序，还在于建立一种跨空间的秩序。

要知道，戈德曼是在30多年前发表的他的想法的。而我们现在正在将他的重要想法视为跳板，他的想法涵盖了现在或在不远的将来，政府可能执行的各种法律和监管活动，这部分内容也不应该交由私人企业来完成，甚至不应与他们有所牵扯。当然，至少在可见的未来里，政府在国家安全领域仍然会有很强的存在感。

国家安全问题的影响

多年来，太空商业碰上了很多以国家安全为名的发展障碍。其背后的意图是可以理解的，但政府在执行时可能存在缺陷。其中一个例子就是《导弹技术控制协议》（*Missile Technology Control Regime: MTCR*），这个协议于1987年签订，目的是"限制可用于化学、生物及核攻击的弹道导弹和其他无人运载系统的传播"。[8]《导弹技术控制协议》的35个成员国被督促但并非强制限制出口某些类型的导弹。随着火箭技术的进步，很容易推测出一些21世纪的公司是如何被"过度热心"的官僚所限制的。

国家安全问题导致了2018年和2019年美国采取了两项举措，

这两项举措展示了一个超级大国在不久的将来会如何影响人们对太空的探索。两项举措都有拥护者，他们认为这些举措能防止美国的经济和军事实力受到侵蚀。两项举措也都有批评者，他们认为这些举措不合时宜或考虑不周。

在创造就业和破坏就业方面而言，短期影响是看得见摸得着的。而且覆水难收，无论这两项措施是保持不变、被修改还是被彻底取消，措施带来的影响是无法被撤销的。在探究它们的影响之前，请想想历史上，不论好坏，政府举措可能带来哪些"惊喜"以及这些举措的不足。历史也告诉我们，政客们提出的许多方案和措施更多的是指引方向而非做出实际的改变。

1941年1月10日，富兰克林·D.罗斯福总统（Franklin D. Roosevelt）要求国会放弃孤立主义，通过《租借法案》对一些国家提供军事援助，提升这些国家的力量对保障美国的安全至关重要。孤立主义在20世纪30年代间一直是美国外交政策的核心，而现在美国要想为其他国家提供资金和设备以帮助他们抵御外敌，长期受到孤立主义影响的很多人对此感到害怕、困惑。《租借法案》招致了几个月的激烈批评。再之后，日本轰炸了珍珠港，大多数美国人摆脱了孤立主义的影响。《租借法案》加强了美国与盟友的联系，也提升了他们抵御外敌的能力。通过持续4年的《租借法案》，美国向盟国提供了近500亿美元的设备和物资，并提供了其他类型的援助。这些援助以2018年的美元计算，大约为7000

亿美元。该计划大获成功，鼓舞人心，美国最终获得了经济和政治利益。

另一方面，政府缺乏主动性导致2008年银行系统崩溃后，美国损失了870万个工作岗位。当真正需要政府参与时，它最好也只能做到不帮倒忙。

许多政府举措反映了当时的人们的需求，这些举措可能不会永远持续下去，至少不会在没有任何修正的情况下持续下去。同时，即使是短暂的举措也可能引起剧烈的经济动荡。不论私人企业多么积极地开展太空业务，政府的立法和监管行动都会对其业务的成功产生影响。相反，如果政府在公司横行霸道时不承担监督责任，其后果可能是毁灭性的。

2018年，《外国投资风险审查现代化方案》（*The Foreign Investment Risk Review Modernization Act*，*FIRRMA*）的签署在商业航天界引起了一些担忧。它扩大了美国外国投资委员会的权限，这是一个跨部门的小组，负责审查对国家安全造成潜在隐患的投资。

在新法案下，美国外国投资委员会经过审查已经取消或推迟了对于美国航天公司的一些重大国外投资；与此同时，其他一些投资却未因为该审查遇到任何问题。一家中国公司对卫星公司全球鹰（Global Eagle）的4.26亿美元投资因该审查而被终止。另一方面，一项价值24亿美元的加拿大与美国航天公司合并案却几乎未遭到任何阻碍。[9]2018年法案的实施最终可能会非常顺利。但是与此同时，随着太空企业在全球范围内蓬勃发展，即便是仅仅几年的投资障碍也可能会使一些美国公司失去竞争优势。

另一项备受瞩目的举措则可能算是在进行"品牌"重塑，也可能是真的在进行战略计划转变。不论如何，它都为在军中服役的男性和女性提供了一条新的职业道路。

在2019年2月，美国前总统唐纳德·特朗普签署了指令，将太空军事职能放在了所谓的"太空部队"之下。虽然这无疑会为太空专业人士在军队中开创一条可行的职业道路，但有些人认为这是在忙于搭建太空基础设施而忽视了其他方面。其他人则认为这只不过是空军太空司令部在进行"品牌"重塑，并增加了顶着"太空"头衔的人员，例如"空军太空部部长"。该指令拟定部署的太空部队将在2024年达到满员作战实力。

太空部队本质上并不是一个可怕的想法，特别是随着近地天体的探索和商业开发，我们能够预见美国公司和公民会受到一些威胁。但如果这项举措不仅意在重塑美国空军这一招牌，那它将增加官僚机构的预算，并可能成为人类迈向太空武器化的第一步。其他政府举措可以满足一些人道主义需求以及勘探、开发外太空的迫切需求。

糟糕的司机和强盗

无论是通过太空部队，还是当前的美国太空司令部，再或者是其他一些政府实体，美国都在尝试成为太空活动必需的基础设施建设环节的领导者。交通管理和执法当然是政府机构可以发挥作用的领域，问题是如何使政府的存在体现出对国际专业知识和优先事项的了解与尊重。

仅太空探索技术公司就计划为星链项目（Starlink Project）发射42 000颗卫星，使地球上的所有地方都能使用互联网，这也会让天空中的物体数量不断快速上升。如果自动防撞软件始终能正常运转，那交通问题当然可以得到缓解，但太空探索技术公司的前60颗卫星中的1颗就因为计算机故障，于2019年9月几乎和欧洲航天局的"风神号"卫星相撞。[10]

目前，尽管太空交通管理是美国太空司令部的职责，但太空公司和政府实体之间的合作催生了松散的交通管制计划。卫星运营商利用美国空军收集的太空监视数据来确认其航天器的位置，（作为补充手段）它们与其他运营商共享追踪信息。如果空军和运营商确定碰撞可能发生，那么运营商会协商决定移动哪颗卫星。在太空探索技术公司的卫星与欧洲航天局的卫星差点发生碰撞事故后，很显然需要对交通规则和通信协议进行标准化和监督。国际标准化组织（International Organization for

Standardization，ISO）已经有200多项与太空有关的标准，这些标准是由来自世界各地的技术人员制定的。[11]这可能是一种进步的发展模式，至少在通信领域是这样的。

美国太空司令部希望专注于太空军事职责并将交通管理问题移交给美国商务部或运输部来解决。[12]本章的最后一节着眼于一个拟定的替代方案，但即便如此，目前还是应该交由美国来处理这些问题。其他国家可能会寻求一个更平等的体系来管理近地轨道和外太空间的交通。

谈到打击犯罪和执法，太空执法的挑战在于，在地球上，这些具有太空意识的不同国家执法观念本就不同。履行执法职能的警察和军人会配备武器吗？《外空条约》禁止使用所有武器，包括随身武器。在英国、挪威、爱尔兰、冰岛和新西兰，警察一般不携带枪支；当然，军人会携带枪支。其他国家的警察配备了各种功能的枪支。美国人会假设军事人员，如太空部队的成员，可以获得强大的武器，虽然他们可能不会一直携带武器。在这种情况下，协调进行太空贸易的国家之间的执法与维和行动，将可能成为最具挑战性的治理问题之一。

官僚的好差事

马杜·唐格维鲁（Madhu Thangavelu）以太空建筑方面的成就而闻名，他在2012年的美国《空间新闻》（*Space News*）的一篇文章中阐明了政府在太空中扮演的关键角色。在提议将美国太空部加入总统内阁时，唐格维鲁提出了一个有利于商业发展的办法（他不是第一个发出这个提议的人，但他一直是这个提议的主导者）。

首先，唐格维鲁认为该部门在发展基础设施方面的作用至关重要，特别是"太空太阳能、减少轨道碎片、燃料库、行星任务，甚至是大型太空天文台"这些方面。他说在处理这些问题时，美国和美国国家航空航天局仍然应该起到主导作用。[13]但是，他切实指出，应该由私营部门负责这些系统。

负责这一系统的部门的主要工作包括以下几项。

- 协调各个国家的航天项目和目标，并协助展开全球航天项目，例如国际载人火星任务和其他天体任务。

- 协调新型私人航天公司的活动。

- 建立法治，开展适当的执法活动。这只是为了给太空环境带来秩序，确保人类安全和财产得到尊重与保护，并执行已经成文的法律。

- 租赁太空，而非控制太空。这意味着分割土地、提出索赔和财产保护。这很重要，因为在过去，美国国家航空航天局会打压私人航天公司的项目，以确保其特许权和垄断权。米尔科普公司（MirCorp）就是个被打压的典型例子。如果通过成立美国太空部来分管这一领域，未来这些项目提案可能会得到支持，而且美国国家航空航天局对私人公司项目也几乎不会有发言权。

　　这个部门不会威胁美国国家航空航天局的存在，但是美国国家航空航天局会重新回到其最初研究与开发的角色上，并成为这一部门的一个分支机构。唐格维鲁和他在南加州大学的团队在经过研究后，建议第一年给该部门拨款600亿美元，与其他部门创建时保持一致。而美国国家航空航天局将获得200亿美元的资金以开展其所有研究项目，比目前的预算少了大约15%；剩余的400亿美元将用于该部门执行所有大型全球基础设施开发项目，以及协调其他合作伙伴机构和私营部门之间的职能部署。

第三部分

技术上的基础设施

第5章　交通，从这儿到那儿以及到那儿以后

在2007年，德尔碳火箭（Del Carbon）进行了三次飞行，其中一次飞行了21 000英尺。火箭的名字来源于其碳纤维结构，也是学生团队向最喜欢的快餐店德塔克（Del Taco）致敬。该火箭是南加州大学火箭推进实验室设计、制造和发射的第一种火箭。截至2019年，该机构又发射了9枚火箭，最后一枚创造了该系列火箭的历史。

在第5次太空发射尝试中，南加州大学火箭推进实验室让火箭成功越过了海拔330 000英尺的卡门线并完成了其创始时定的目标，这个团队也成为第一个将由学生设计、制造和操作的火箭送入太空的学生团队……其设计的火箭飞到了339 800英尺的高度。[1]

在南加州大学火箭推进实验室将火箭送入太空前的两代人的时间里，政府垄断了太空旅行。在1944年的一次试飞中，德国V2火箭是第一款穿越卡门线的火箭。13年后，苏联人用人造卫星"斯普特尼克1号"（Sputnik）超越了它。在美国国家航空航天局的早期太空飞行尝试中，第一个在太空飞行中存活的灵长类动物是黑猩猩汉姆，他的历史性旅程始于1961年1月31日。最后，在

2004年，"太空船1号"（SpaceShipOne）成为第一个穿越卡门线的私人出资航天器，并赢得了1 000万美元的安萨里X大奖（Ansari X Prize）。该航天器是微软公司联合创始人保罗·艾伦（Paul Allen）和美国缩尺复合体公司（Scaled Composites）联合资助的。缩尺复合体公司由"太空船1号"的设计师伯特·鲁坦（Burt Rutan）建立。

现在，天空布满了私人出资的航天器，包括货物、人员运输运载器，航天机构也在寻求"上车"的机会。部分有效载荷将是用于地面运输的运输运载器，由致力于探索月球表面的公司设计、制造。太空探索技术公司的总裁格温·肖特维尔（Gwynne Shotwell）对重型猎鹰（Falcon Heavy）火箭充满了信心，因为它有能力将迄今为止所有设想中的任何相关设备发射到轨道上，该火箭也因此被大肆报道。[2]然而，将设备和人员送到月球或火星只是太空运输美好愿景中的一部分。在进入地球轨道、月球、小行星和更远的轨道的过程中，必须有一套最终包括绕地球和月球轨道运行的中转站以及燃料补给设施在内的基础设施系统，相当于是太空出租车；还要考虑到有其他私营企业自身无法承担的因素。要想建立起太空商业和太空旅行的基础设施，合作是必不可少的。

虽然太空探索技术公司、维珍银河公司、蓝色起源公司（Blue Origin）还有其他以低成本进入太空的先驱者们是竞争对手的关系，但他们将以某种协作的方式并肩前行。毫无疑问，他们也将接触（或是收购）航空电子、推进和其他与航天运输领域相关的小体量创新公司。

建造更好的火箭

我们以南加州大学学生和"旅行者4号"（Traveler IV）的惊人成就开启了本章。对太空事业感兴趣的人还应该知道的是，他们之前巨大的失败为第二年的成功奠定了基础。"旅行者3号"遇到了通信错误，团队在配备的航空电子设备单元没有启动的情况下发射了它。由于需要该单元来启动回收系统，所以火箭猛烈撞击地面，变成了数以百计的金属碎片。

太空专家们对完美十分渴望，但我们都知道"完美"往往是在系统地识别和纠正缺陷之后才能实现。航天设备坠毁、燃烧着陆和爆炸都是人们成功路上的宝贵经验教训。印度在2019年9月失去了"月船2号"（Chandrayaan-2）的着陆器"维克拉姆"（Vikram），原因是其着陆时制动火箭未能成功减速。这次失败不仅能为印度进行"下一次登月"提供帮助，还为每个放眼月球的国家和公司提供了宝贵的数据。[3]

"完美"也不再像1961年5月5日小艾伦·谢泼德（Alan Shepard Jr.）成为第一个进入太空的美国人时那样，是思维中不可或缺的一部分。比如对低成本发射和海量卫星数据的青睐使得大量非高精尖的技术设备得以进入太空。发射成本降低意味着人们能够以负担得起的费用发射更多设备进入太空。如果一家公司或者一个政府正在花费10亿美元在太空中进行实验，那么势必需要花费大量的精力来判断其是否值得，是否可能成功，是否能为其他工作提供有价值的信息，以及是否能在科学和商业上展现出优势。如果公司或政府只需要花费4 000万美元来做同样的事，那么一定的失败率是可以容忍的，甚至是在预期之内的。也就是说，在火箭这个领域，"完美"仍然是追求的目标，但（由于成本降低）人们也能接受火箭爆炸。

在火箭制造竞赛中，工程师们会着眼于发动机。在运载器设计方面，燃料箱容量是最大的限制因素，因此燃料箱中的燃料是影响发动机功率和升限的关键要素。[4]燃料箱中的燃料也可能会成为事故的诱因。2016年9月，太空探索技术公司的"猎鹰9号"（Falcon 9）火箭就因为二级液氧储罐中的压力出现问题而爆炸。[5]

化学能推进

梅林发动机是太空探索技术公司早期发射火箭的主力发动机，"猎鹰9号"就是由梅林发动机提供动力的，该发动机的基础燃料为煤油，氧化剂为液氧。这种燃料和氧化剂的组合可以追溯到几十年前，1962年的阿特拉斯火箭（Atlas）、半人马座火箭（Centaur）以及1967年的"土星五号"使用的都是煤油和氧气的组合动力。在梅林发动机之后，太空探索技术公司之后使用的是猛禽（Raptor）甲烷液氧发动机。蓝色起源公司使用过许多不同的发动机，也使用过煤油和过氧化物组合动力的发动机；该公司后期型号的火箭之一使用了甲烷液氧发动机，并且还有一个液氢液氧发动机。虽然氢也可以作为燃料使用，但该组合中煤油和甲烷是燃料，液氧和氢都是低温推进剂。

大熊座科技公司（Ursa Major Technologies）创始人是乔·劳伦蒂（Joe Laurienti），他在2015年创立自己的公司前曾任职于太空探索技术公司和蓝色起源公司。该公司在2015年底首次提出了研发火箭技术的构想，但又过了一年半才拥有合格的发动机。[6]所以从萌生想法到实际成品出炉，一共花了3年时间。对于像第3章中介绍的那些年轻的航天公司来说，这也算是个很有代表性的时间表。

他将注意力集中在小型运载火箭上，并假定即便是大型运输公司也会将火箭发动机生产外包给专家，以节省成本。这个假设与太空探索技术公司和蓝色起源公司的运作方式背道而驰：这些公司会自主设计一切，赢得了无懈可击的称号。

但是这些老牌公司还是需要从初创公司身上获得创新技术，前提是这些初创公司能够证明自己的太空技术是合格的。

与本书中所描述的其他所有航天公司一样，这些公司在太空经济上取得成功也是因为有市场驱动。他们的经营模式能够满足当前人们对太空旅行的性能要求：相对轻便、经济高效且节省燃料。在大熊座科技公司的三款发动机中，有两款正在服役，另一款正在开发中。服役的两款是液氧煤油发动机，另一款是液氢发动机。

理论上讲，我们可以在太空建立燃料站，供应液氢、液氧等推进剂。从小行星或月球提取的水将通过电解或光电解分离——后者依靠太阳而不是电力来为化学反应提供燃料。燃料不足的航天器可能会前往一个空间站加满油，从而降低油箱尺寸在运载器设计中的重要性。这终有一天会成为现实，但太空燃料站并未包含在本书对未来10年的预测和展望中。启动并运行太空燃料站意味着需要维持水的开采作业，也意味着需要掌握有效且低成本的方法将氢和氧以极低的温度进行储存。液氢的温度需要维持在-253℃以下，液氧需要维持在-183℃以下。

太空运输公司意识到了他们必须在发展时思考其他方法。

利用核能

美国国家航空航天局的核热推进计划反反复复。该计划最初称为火箭飞行器应用核发动机计划，是一个核热火箭发动机开发计划，在1955年到1973年期间处于执行阶段。该项目取得成效后，夭折于尼克松政府之手，在1983年战略防御计划（"星球大战"计划）的讨论中又被重新提出，直到20世纪90年代初再度消失。在美国国家航空航天局马歇尔太空飞行中心的一项研究显示出核热火箭在星际旅行中具有价值甚至非常必要之后，该计划再度开始得到联邦预算支持。2019年5月，在美国国会为美国国家航空航天局拨款223亿美元的法案中，其中有1.25亿美元被拨款用于核热推进项目的开发。

虽然化学能推进器将阿波罗宇航员带到了月球，并且也能将人类带到火星，但该技术有巨大的缺点。与核热火箭相比，化学能火箭速度慢且功率相对较小，就像家用车和跑车之间的区别一样。洛斯阿拉莫斯国家实验室（Los Alamos National Laboratory）的研究报告指出：

核热火箭比化学能火箭更节省燃料也更轻便。因此，核火箭的飞行速度是化学能航天器的2倍，故热核火箭可以在短短4个月内完成火星之旅，3年内（而不是7年）到达土星。对太空航行时间的压缩有助于减少宇航员和设备暴露于宇宙射线和太阳风暴带来的有害辐射中，这些辐射在太空中并不少见。[7]

核热火箭会利用核反应堆加热推进剂，然后推进剂通过超音速喷嘴产生推力，这与传统火箭发动机的工作方式类似。低分子量推进剂可以与核燃料结合使用。当然，对核热火箭的担忧源于使用了放射性物质。在第1章中，我们简单介绍了核热火箭，并认为在月球上建立研发设施将消除许多人对核能的担忧。

大熊座科技公司防御部副总裁布莱恩·佩里克（Blaine Pellicore）提出了一种备选方案："在地球上建造发动机，将其发射到太空，然后让反应堆在太空中启动。这比从头到尾在月球上建造发动机更容易。"[8]

不管是在月球、近地轨道还是地球上建造核热发动机，我们都在朝着利用核热火箭进行星际旅行的那一天迈进。"火星2020"火星车就正在使用放射性同位素热电发电机获得动力。美国国家航空航天局也正在研发小型核聚变反应堆以便为在天体上长时间停留的设备提供电力。现在小型核聚变反应堆已经通过了关键的地面测试，可能会在2022年之前准备好进行太空测试。[9]

可重复使用的运载器

"我们已经发射了"是美国国家航空航天局通告全球其太空运载器成功发射的惯用语。我们通常会将这种起飞方式与一次性运载器联系起来。它们会使用全部的燃料来进入太空，但进入太空后就会一帆风顺了，返程途中不需要的东西会在再入时燃烧掉或抛在太空中。它们的设计比可重复使用运载器更简单，后者必须能有更高的载重才能返回地球。可重复使用运载器不是按顺序抛弃各级火箭而是带着机翼、回收装置、起落架、热保护装置、推进系统和可以应对疲劳重复使用的加固系统离开并返回地球的。

　　区别不仅在于刚刚提到的重量和耐用性，用词也不一样，变成了"起飞"而不是"发射"，就跟地面上起飞的航天器是一样的。

　　缩尺复合体公司于2004年获得安萨里X大奖时，专为亚轨道太空飞行设计的航天飞机（也可以称为火箭飞机）激发了太空爱好者的想象力。第一个在两周内两次发射可重复使用载人航天器越过卡门线的私营组织将获得1 000万美元的奖金，开发过程不允许政府资助。缩尺复合体公司由微软公司联合创始人保罗·艾伦投资支持，伯特·鲁坦则领导着公司并设计开发了"太空船1号"，这是一款亚轨道太空飞机，从名为"白骑士"的亚音速太空航母上发射。在大约46 000英尺高度处释放后，"太空船1号"飙升到了62英里高的目标地点。维珍集团首席执行官理查德·布兰森认识到了水平发射的太空火箭所具备的潜力并支持制造"太空船2号"，专为太空旅游而设计。关于太空旅游，我们将在第8章讲述布兰森的故事。

　　另外还有一架属于鲁坦公司的飞机，但缩尺复合体公司赢下安萨里X大奖时它已经退役34年了，那就是北美X-15载人航天器。这是第一架完全可重复使用的航天器。北美X-15是美国空军和美国国家航空航天局联合进行开发的试验航天器。北美X-15由现已解散的北美航空公司制造，是一架平滑的针鼻喷气式飞机，由B-52战略轰炸机携带到8.5英里的高度后投放发射。1963年，美国国家航空航天局飞行员约瑟夫·沃克（Joseph Walker）是第一个驾驶北美X-15飞越卡门线的人；他在第二次飞行中也同样越过了卡门线。在沃克到达的高度上，他可以体验失重并观察到地球曲率，虽然高度仍然不足以进入轨道，但北美X-15确实到达了亚轨道空间，并且能够在着陆进行维护后再次飞行。

讽刺的是，虽然可重复使用性是当今航天运载器追求的主要目标，但当时北美X-15的这一特性却使得它被淘汰。不断的维护、零件替换让更青睐一次性航天运载器的美国国家航空航天局取消了该项目。北美X-15的维护费太高了。当然，它的历史意义不仅在于首次载人进入太空，它还保持了人类驾驶动力飞机最高速度的记录。在1967年10月，威廉·J.奈特（William J. Knight）少校驾驶北美X-15达到了6.72马赫①的速度。1968年12月北美X-15项目取消后，只有伯特·鲁坦的"太空船1号"取得了成功，为我们展现了次世代亚轨道飞行航天器。

鲁坦是航空航天界的传奇人物，因其在设计轻型、坚固、节能航天器方面的创新而广受赞誉。鲁坦设计了"航海者号"，该飞机在1986年由他的兄弟迪克·鲁坦（Dick Rutan）和詹娜·耶格尔（Jenna Yeager）驾驶创造了飞行记录，这架飞机在不停歇、不

---

① 1马赫≈1 225千米/小时。——译者注。

加油的情况下环游了世界。他将2004年"太空船1号"取得的胜利视为亚轨道飞行运动的开始，但是另外25名竞争者逐一退出该领域后，他表示很失望。在2017年的新闻发布会上，他告诉安萨里X大奖基金会的主席彼得·迪亚曼迪斯："发生了什么？我们什么都还没能做成！"[10]

尽管安萨里X大奖赛的竞争者的背后没有像鲁坦一样有着推动创新的动力（换言之，是亿万富翁的财政支持），但在"太空船1号"于2004年获奖后，确实产生了一些其他变化。研究可重复使用运载器的动力是能以廉价的手段进入太空，行业进步也不仅限于鲁坦所取得的成就，还有单级入轨火箭和两级入轨火箭，太空探索技术公司就是对后者进行研发的范例。

单级入轨

单级入轨火箭是指从地面起飞，并能加速到第一宇宙速度，直接把有效载荷送入轨道，并且无须扔掉任何加速部件的火箭。有人会问："为什么这个特点很难实现？"对于这个问题，有很多解答。

为了使用最好的发动机（以航天飞机主发动机为基准分界线）到达地球轨道，运载火箭质量中的85%都将是燃料，如果有效荷载要达到5%，那么运载器本身重量只能占10%，这就会严重限制运载器的设计。

要减少燃料重量进而缩小运载器尺寸，那就需要更好地发动机和材料。这两者的开发成本都很高，因此政府的补贴资金将会成为两者开发的关键因素。

关键的一点就是要有比以往更大的发射需求。如果单级入轨火箭能够以一次性运载火箭一半的成本提供有效载荷，那么它将能在太空发射市场上取得领先地位，并带来足够的利润来弥补单级入轨火箭的研发成本，但前提是商业发射的需求得不断增加。这种需求必须要足够强烈才足以让私人航天发射公司愿意承担相应的风险。

目前已经开发出的使单级运载火箭成为可能的高强度低重量材料有：

- 碳纤维复合材料；

- 轻质铝锂合金；

- 其他"独特"材料，这些材料能在实现坚固结构的同时大大减轻重量。其中一种材料就是陶瓷复合材料，它可以包裹运载器以保护其免受再入大气层时的高温损伤。

英国的反应发动机公司（Reaction Engines Limited，REL）的单级入轨系列"云霄塔"航天飞机正在进行开发，于2020年进行地面发动机测试，目前计划在2025年试飞。[11]它的重量之所以相对较轻，就是因为使用了陶瓷复合材料外壳来为再入阶段提供保护。

至少根据最初的构思，"云霄塔"航天飞机将是无人驾驶的，开发人员预计它们有能力将33 000磅的载荷发送到近地轨道。该计划最初由私人出资，但后来得到了英国政府和欧洲航天局的部分补贴。

该机由合成吸气式发动机驱动，燃料是液氢，而液氧在大气层内被用作冷却剂，驶入太空后被用作催化剂。从跑道起飞上升到16英里的过程中，由吸气式发动机推动飞行器。航天飞机进入大气层后，空气会混合着液氢燃料进入发动机。在5.4马赫的速度下，空气与已经加热的发动机产生的摩擦会将发动机的温度升高到1 000℃以上，为了防止发动机熔化，液氧将沉积在发动机上，在0.01秒内将其冷却到−108℃。

当飞机的高度超过26英里时，吸气式发动机关闭，火箭发动机启动，液氢和液氧混合，通过排气推进飞船，一直加速驶向近地轨道。

在近地轨道执行指定任务后，这架航天飞机将在隔热层的保护下重新进入地球大气层。"云霄塔"航天飞机预计周转时间为2天，每架飞机最多可进行200次飞行。

两级入轨

单级入轨的替代升级方案就是两级入轨。两级入轨运载器包含了两级有人驾驶运载器。当飞船抵达大气层边缘时，飞船顶部将脱离并进入地球轨道，而下半部分则返回地球。两部分都是完全可重复使用的。

这种两级运载器共有三种类型，均是地平着陆设计：

● 一级火箭垂直放在另一级火箭的顶部，垂直发射；

● 两级火箭并排垂直发射；

● 其中一级骑在另外一级上，像飞机一样水平起飞，达到一定高度后太空飞机会脱离飞向地球轨道，另一级则会降落在地球上。

单级运载器可以使用一段时间，为两级运载器和可能开发出的超音速飞机铺平道路。

最有发展前途的一个是XCOR航空航天公司的山猫亚轨道航天飞机，该机在设计中与其他航天飞机相比有更多的机翼载荷，将其变为了外表平滑的航天飞机。它的设计使得它能在常规跑道起飞，当超过卡门线的高度后，它会将另一个有人驾驶的飞行器送入轨道。这项技术时至今日仍广受称赞，但和保罗·艾伦和理查德·布兰森这样有亿万富翁支持的竞争对手不同，XCOR公司缺乏资金，并且其商业计划缺乏重心。最终，一家致力于航空航天教育的非营利组织购买了该公司的这些资产并与圣人柴郡（Sage Cheshire）公司合作，专注于液氢火箭的开发。

高超音速

达到音速的5倍即5马赫及以上的速度被称为高超音速。有人驾驶的航天器、导弹、无人机等都能达到超高音速。自1960年以来，我们就已经让高超音速物体穿过了大气层。但2020年1月发表在《航空与航天》（Air & Space）杂志的一篇文章表示："我们尚未能让由吸气式发动机驱动的航天器以高超音速持续且完全受控地在大气层中飞行。"[12]

在20世纪80年代中期，地球与近地轨道间的高超音速运输成了热门。这个概念很有吸引力，因为高超音速飞机可以快速轻松地进入太空，周转时间短，比冲高。这些飞机在地球上的飞行时间也会缩短。高超音速飞机将从传统机场起飞，以25马赫的速度飞行，到达近地轨道，能在任何机场降落并能立即再次起飞。对于那些希望发射无等待期的卫星、发送模块建造空间站或非正式造访太空设施的人来说，这个概念也很有吸引力。

在美国，一些政府资助的公司开发了X-30，这是一种军用双人高超音速飞行器，它的出现促进了国家空天飞机计划的发展。

在20世纪80年代，美国、德国、日本、英国、法国和俄罗斯都提案建造自己的高超音速飞行器。不幸的是，由于缺乏必要性和预算缩减，美国的高超音速计划在1993年被取消。在取消之前，美国进行了大量计算机计算以显示高超音速是如何工作的。这个系统包含了3个发动机：涡轮喷气发动机、冲压式喷气发动机和超音速燃烧冲压喷气式发动机。涡轮喷气发动机将让飞机以2.5马赫的速度从地面起飞，然后由冲压式喷气发动机提速到5.5马赫，最后切换至超音速燃烧冲压喷气式发动机并以高达25马赫的速度飞行。下面就是3种发动机的分工，也说明了为什么高超音速飞行需要这3种发动机：

● **涡轮喷气发动机。**用于大多数亚音速和超音速飞机，它将氧气和氮气吸入进气口并对其进行压缩。由碳氢化合物组成的燃料被注入燃烧室并燃烧。膨胀的热气体从喷嘴中涌出产生推力。这些气体使涡轮机旋转，为压缩机提供动力。它的最大速度大约是音速的3倍，即3马赫，因为它依赖于亚音速空气。

● **冲压式喷气发动机。**冲压式喷气发动机不能将静止的物体变为移动状态，需要在向前运动的状态下才能发挥作用。冲压式喷气发动机会在3马赫到6马赫的速度间展现出其功率。正常的冲压式喷气发动机进气口在压缩空气的同时减慢进入的空气的速度，然后以亚音速燃烧燃料和空气并通过喷嘴排出燃烧产物将飞机推向更高的速度。

● **超音速燃烧冲压喷气式发动机**。这种发动机通过一个专门设计的吸气口吸入空气并将空气与氢气混合以液体形式作为燃料携带。从大气中提取的氢气和氧气被点燃并以高超音速的速度推动发动机，排出的燃烧产物是水。"在超音速燃烧冲压喷气式发动机中，空气进入发动机后并不用对其进行压缩……进气管道就可以使其保持超音速运动。"[13]这样设计的关键成果就是发动机温度不会像冲压式喷气发动机那样升高，因此可以持续喷射燃料、混合燃料并燃烧以获得持续的推力。

高超音速飞行对未来的太空运输至关重要，目前高超音速飞行的测试正在美国空军阿诺德工程发展中心等地进行，这里是高超音速风洞的所在地。与此同时，波音公司正着眼于开发一种时速5马赫的客机，可以在120 000英尺到500 000英尺的高度跨大气层飞行。"这是大气层和太空的边界区域。"[14]

地面运输

在《星球大战》中，拥有清晰可辨的四肢的巨型机器人被称为全地形装甲运输步行者（All-Terrain Armored Transport，AT-AT），是坏人们的战斗载具。在现实生活中则有六足机器人"运动员"（ATHLETE），有着抓握、挖掘、载客等功能，以便在天体上为人们服务（如图5-1所示）。

图5-1　六足机器人"运动员"

"运动员"的英文ATHLETE其实是"全地形六肢外星探索者"（All-Terrain Hex-Limbed Extra-Terrestrial Explorer）的简称，是喷气推进实验室的一款产品。喷气推进实验室是这样描述"运动员"的：

"运动员"使用它的轮子在稳定、有轻微起伏的地形上高效行驶，但每条肢干也可用作多功能腿。在被用作多功能腿使用时，轮子会被锁定，多功能腿则能帮助它在过于松软、充满障碍物、陡峭或其他极端地形上行走。"运动员"被设想为一种重型多功能车，帮助人类探索月球表面，可用于从固定着陆器上卸下

大件货物并进行远距离运输。¹⁵

以后质量投射装置可能会使用到"运动员"这样的载具。已故的普林斯顿大学物理学教授杰拉德·奥尼尔（Gerard O'Neill）曾深入研究居住设施设计（见第7章），他提议使用质量投射装置发射小型载荷来大规模运输月球材料。

奥尼尔将其设想为一种电气设备，在距月球表面数千米的轨道上运行。所有材料都将沿轨道加速至高速。包含超导线圈的被称为铲斗的小型载具将用于承载这些载荷。这些铲斗由脉冲磁场加速并由设置在周围导轨中的感应磁场引导，达到正确速度后，铲斗将释放有效载荷并进入太空飞向地球，然后铲斗将减速以便循环利用。

在太空中的一个固定位置（可能在L2）安放一个质量捕获器，用于捕获质量投射装置发射出的物体。然后收集到的材料会被送往近地轨道进行处理或是送往地球。与向地球发射火箭相比，使用质量投射装置更加节省运输成本和推进剂。

多年来，许多漫游车和"出租车"的设计都浮出了水面，但有一个看不见的部分决定了它们对人类做出的反应——软件。远程操作员如何控制月球或火星表面车辆的信号延迟补偿就是人们在软件方面可能遇到的挑战之一。另一个挑战是为操作员或远程操作员提供月球车周围环境的3D视图。

奥利机器人公司（Olis Robotics）开发了远程操作机器人系统的软件，由于该团队具有在极端环境中使用机器人技术的经验，他们拿下了美国国家航空航天局和其他政府机构的一些分包工作。在面对太空的严酷环境之前，奥利机器人公司就展示出了深水领域的专业支持，深水和太空一样会带来延迟方面的挑战。信号延迟会破坏任务，机器人在关键时刻无法接收指令；奥利机器人公司专注于通过解决延迟问题来简化链接。另外，奥利机器人公司也有其他应用程序，他们为马克萨尔科技公司（Maxar Technologies）的卫星机械臂提供了即插即用的软件，旨在为美国国家航空航天局收集月球岩石样本。[16]

奥利机器人公司原名是蓝色触觉公司（BlueHaptics），是从华盛顿大学电气工程和应用物理实验室分离出来的。当他们的软件成功应用于深水任务时，美国国家航空航天局就认定了他们也能胜任太空应用软件开发工作。

该公司赢得了太空网（SpaceCom）2019年的10万美元企业挑战奖金。首席执行官唐·皮克林（Don Pickering）对他们提供的实时、可导航的环境模型，使用单个安保摄像头生成的3D模型，以及运动补偿能力和其他技术进步进行解说，展示了自己公司的获奖创新案例。皮克林解释道：

机器人技术的传承确实是机械层面上的，但是要让机器人完成精确的工作就只能通过软件层面实现。为此，我们需要利用传感器、算法和软件，让远程机器人能够使用即时3D信息辨别物体，然后让人类校准修改，以便让机器人完成复杂的工作。[17]

所需的非技术性举措

在巴拉克·奥巴马总统执政期间，美国发生了戏剧性的转变，现在美国依靠私营公司将我们从地球带到天体上。美国人再也不会认为仅有美国国家航空航天局能进行太空运输了。

在2010年，巴拉克·奥巴马总统决定将未来美国太空近地轨道运输交由私人企业负责，尤其是国际空间站的运输业务。这可能是自阿波罗计划以来，为太空计划做出的最佳决定。航天界对降低飞行成本的举措表示赞赏，换言之对太空运输业务的投资有了现实意义。非营利性组织行星学会（Planetary Society）的太空政策主管凯西·德利尔（Casey Drier）认为，看好商业航天设备发射的潜力是奥巴马政府的"最大遗产"。[18]

卢森堡和阿拉伯联合酋长国实施了类似的举措，以支持太空商业运输行业发展。

国际社会需要效仿这些国家并认识到《外空条约》等协议为合作奠定了基础，并且不应放弃这种理念。当然，对未来的愿景以及太空运输在经济层面上的紧迫性会将私营企业置于核心地位并使其起到关键作用。

第6章　前往近地空间工作

在太空工作可能意味着相关人员要置身于太空或天体上工作，也可能是指在地球上指导远程工作。例如，科罗拉多大学研究中心所属的生物太空科技公司（BioServe Space Technologies）的研究人员可以通过在科罗拉多州博尔德的控制室查看显微镜的实时转播，来监控国际空间站上的实验。[1]再比如，在地球上远程指导机器人进行维修和制造工作。

本章第一部分将着眼于以地球为中心所开展的太空活动，这些太空活动是旨在改善地球上人类生活的研究与生产活动。之后我们将探讨在地球上进行的为太空探索和天体定居做铺垫的活动。

然后我们将探讨地外环境中目前正在进行的工作和近期会开展的工作。我们认为大概在2020—2045年，在太阳系内离地球相对较近的地方开展工作才是比较现实的，比如近地轨道和月球表面。

在地球上做的太空工作

在本书的前半部分，我们介绍了目前太空中正在进行的各种研究和制造工作。如果认真研究一下特定公司、大学和太空机构的研发项目，就能了解到在目前以及不久后的将来，太空工业会提供很广泛的就业机会。这些公司的规模不一，雇员人数从十人左右到数千人不等，研发领域涵盖了园艺、医学、通信组件和小零件制造等学科领域。参与的大学有公立大学和私立大学，加州理工学院、哈佛大学、剑桥大学和索邦大学在太空相关研究方面名列前茅，其他大学则在太空医学和太空采矿等细分专业十分出众。在撰写本书时，大约有80个国家拥有航天机构，尽管它们之间能力差异很大。有些航天机构有宇航员，有些没有。有些有发射能力，但大部分没有。这些航天机构中的大多数（但不是全部）都在运营卫星。

小公司，大眼界

太空探戈公司是一家坐落于美国肯塔基州的公司，其业务涉及多个领域。特怀曼·克莱门茨是该公司的首席执行官，我们曾在第1章中介绍国际空间站背后的创新活动时提到过。

克莱门茨当时是肯塔基大学机械工程专业的大三学生，在学校的微型卫星实验室工作。[2]微型卫星是包含太空研究项目的小型卫星。这种卫星的历史可以追溯到1999年，是在美国国家航空航天局的扶持下，由加州州立理工大学和斯坦福大学太空系统开发实验室的教职员合作努力发展而来的。这种卫星设计之初的目的是降低在国际空间站中进行复杂科学实验的门槛，以帮助大学实施其太空计划。由于最基本的微型卫星是由低成本部件制成的，因此即使是中学最终也参与到了太空研究中。

从学校毕业后，克莱门茨留在实验室管理微型卫星项目。自那以后，他于2014年与时任肯塔基科技公司首席执行官的克里斯·基梅尔（Kris Kimel）合作将该项目商业化并成立了太空探戈公司。他们将微型卫星这一概念推向了新的高度，将微型卫星实验室多个部门的不同实验结合在了一起。自动化、流体流动、温度控制和其他因素的结合使单个实验室能进行许多不同类型的实验过程。微型卫星的大小各不相同，标准尺寸是1U（10cm³），并能向上扩展到2U、4U、6U和9U。

太空探戈公司项目的多样性也说明了有大量不同领域的专业人士在为研发做出贡献，也说明了当工作从研究阶段发展到在微重力环境下进行生产时将涌现出大量新工作。

在第1章中提到的太空探戈公司所进行的实验包含了安海斯-布希公司在零重力环境下进行的大麦种植实验。虽然我们开玩笑说早期的太空居民可以对精酿啤酒抱有期待，但该公司在最初的实验完成后所采取的后续行动表明了他们是相当认真的。

在2019年年末新一轮的实验中，太空探戈团队将干燥的大麦制成了麦芽，这是一个更为复杂的过程，涉及各种温度变化、浸水过程，等等。这是朝着"火星麦芽啤酒"和月球酿酒师事业迈出的又一大步。

这一系列实验分析了零重力环境下大麦的表观遗传变化，帮助安海斯–布希公司研究小组开展工作。不过，这些实验具有很强的营销性质：它提升了品牌知名度。该公司表示，"当人类到达火星时，将会有百威啤酒"，他们与太空探戈公司的合作也证明了这一说法。[3]

除了火星上的啤酒，太空探戈公司的任务其实是在微重力环境下开发和生产产品并将它们送回地球，供人们使用。克莱门茨说：

太空探戈公司生产的产品并非旨在为太空基础设施做出贡献，而是专注于地球上人们的需求。我们希望利用太空来改善地球上的基础设施。太空探戈公司生产的产品都是在零重力环境下为地球制造的。我们无意建造太空设施并进军太阳系。[4]

生物技术实验和早期制造活动体现了这一目标。2018年12月，太空探戈公司的成员登上了太空探索技术公司的16号商业货船（Commercial Resupply Services 16，CRS-16）并与拉姆达视觉公司（LambdaVision）开展了一项实验，以评估是否能进行蛋白质视网膜植入物的生产。该实验目标是提高蛋白质视网膜植入物的品质以帮助因视网膜退行性疾病（如视网膜色素变性和年龄相关性黄斑变性）而失明的患者重见光明。

克莱门茨认为，微重力环境下的研发工作能为产品带来增值效果。从某种层面上讲，他对视网膜植入工作益处的描述也表达了这一观点：

改良的微重力制造范式有可能提高植入物的稳定性、活性和光学质量，并减少组装所需的原材料数量，加速设备的生产，以便研究人员进行进一步的临床前和临床测试。[5]

克莱门茨所提到的上述优势在开发其他产品时同样适用。太空探戈公司在干细胞组织工程和组织芯片方面与其他组织的合作也说明了微重力环境有利于生物研发。一个关键的例子是微重力环境可以有效地维持干细胞的多能性，即细胞分化成其他特化细胞类型的能力。干细胞能分化成的细胞类型越多，它们的效力就越强。而模拟器官功能的人工培养出的碎片，即组织芯片的研究在疾病控制方面有很大的潜力。这些芯片能模拟出动物体外器官的复杂生物学机制，具有药物筛选和其他应用。太空探戈公司已和多家公司合作开发肺芯片、血脑屏障芯片甚至大脑类器官。和组织芯片一样，克莱门茨将大脑类器官描述为"真实大脑的类似物"——微型器官，它是由人工培育的，但与大脑相似。大脑类器官没有意识或复杂的思想，但在神经学的角度上讲，它能完成大脑的工作。[6]

随着太空探戈公司获得更多的客户并承担更复杂的工作，克莱门茨"微重力能带来产品增值"的观点得到了证实。太空探戈公司使用国际空间站和太空探索技术公司的设备建立了一系列多样化的微型卫星，以调查在加工原材料和制作成品过程中自己需要哪些技术。他还指出："如果空间站退役或以其他方式退出舞台，我们会将这些活动转移到另一个平台——在一个工厂中大规模生产这些产品。"[7]

治愈疾病的大学合作伙伴

路易斯·奇亚（Luis Zea）博士是美国科罗拉多大学博尔德分校所属研究机构生物太空科技公司的助理研究教授。生物太空科技公司通过开发必要的硬件、修改协议以及培训国际空间站上的宇航员展开试验来让科学家们的实验能够在国际空间站上进行。在某些情况下，奇亚和他团队中的其他人也会在位于博尔德的实验室进行地面远程控制。

在他看来，生物航天学领域的微重力研究有两条路可走，其中一条就是使人类能够安全地探索太空。我们知道，太空中有无数有害因素，可能影响人类进行太空探索，例如骨骼和肌肉的重吸收以及某些类型细菌会有异常活动等。而另一条路，也是奇亚所选择的路，是利用太空的微重力环境来为地球上的医疗问题寻找解决方案。他解释道：

仔细想想，我们这个星球上的生命已经进化了至少35亿年，其间地球的温度、气体成分和海洋盐度都发生了变化，唯独重力一直是一个常数。因此，当你将细胞或生物体带到太空微重力这样的环境中时，你能看到在地球上所见不到的过程。这揭示了分子层面的过程，而当我们试图在地球上重现这些过程时都失败了。[8]

奇亚的方法将重力视为一个独立变量。他在微重力条件下对其假设进行试验，最终目标是找到解决生物耐药性等长期存在的问题的新方法。

正在国际空间站上同时进行的两个实验引起了奇亚的兴趣。这两个实验都是交给初创公司的。这两个初创公司，一个是得克萨斯州的n3D生物科学公司（n3D Biosciences），另一个是马萨诸塞州的肿瘤领新公司（Oncolinx）。肿瘤领新公司进行实验的地面控制室在生物太空科技公司的一个房间里。奇亚在这个房间里实时观看了宇航员进行实验，等实验结束时，奇亚跑回自己的实验室想重复他们所做的实验。

本实验所使用的细胞来自一名26岁男性的人类腺瘤。腺瘤是一种在腺体中发现的癌症，但它可以扩散到身体的其他部位。奇亚的观察结果令人大开眼界，在微重力环境中，研究人员能够清楚地看到肿瘤的结构，例如肿瘤的形成。在地球上，他们没法得到真实的图像，因为重力会使结构变得扁平，而没有重力时，整个结构将会是三维的。

当你在地球上把癌细胞放到显微镜下时，你得改变焦点，直到你能聚焦到细胞上。焦点一旦移动，比如向下移动一点，你就什么都看不见了。你重新将其复原到原来的位置后，就能看见焦点里的所有东西，稍微向上动一点就又没对焦了。这个过程中整个画面都是二维的。一旦一个细胞移动到另一个细胞上方，重力就会让它变得像煎饼一样扁。

但是当我们通过显微镜图像的实时转播旁观宇航员做这个实验时，我们可以看到焦点是如何在三个轴的维度上移动的。我们可以看到这些腺癌细胞的巨大三维结构。

肿瘤领新公司的实验内容是测试一种名为阿宗纳发得（Azonafide）的药物。他们的创新点在于将其与一种抗体结合起来，这种抗体的作用就像一块拼图，一方面它只与药物结合，而另一方面它只会与不健康的细胞结合。这就是为什么他们想要了解这种只有在微重力环境下才能获得的三维结构。[9]

我们为什么不能在地球上做到这一点呢？在地球上重现这一环境的尝试会利用到随机定位机或倾斜仪，但是这些尝试必然会遇到挫折。容器在一个轴上旋转，然后在第二个轴上重复这一过程，最后是第三个，在这整个过程中，研究人员会不断旋转重力矢量。所以这个过程的性质就限制了某种东西能增长到什么程度。

另一个让奇亚感兴趣的是抑制骨质疏松症。这是一种对宇航员有着深远影响的疾病，而帮助宇航员抑制骨质疏松症的药物或过程也可以转化为地球上中老年人的福音。如果放任不管，那么在地球环境下，对一名绝经后女性来说，最严重的骨吸收能达到每年1.2%的骨量被吸收。在太空中，如果宇航员每天不服用任何药物或锻炼一两个小时，他们一个月的骨吸收量就能达到这个量。这是太空探索的一个问题，也是一个测试药物分子的机会，看看这些分子能否通过血管并最终抑制骨吸收或促进骨生成，进而成为抗骨质疏松症的药物。处在设计阶段的实验不会在宇航员身上进行实验，而是在太空中的老鼠身上进行实验。实验人员将用一种能够减轻骨质疏松症的分子对老鼠进行治疗；而另一些则作为对照组。同时，整个实验的对照版本也会在地面上进行。

在生物太空科技公司这样的大学研究机构中，所有合作伙伴都扎根于人体生理学的某个领域，但他们的主要目标各不相同，来自多个学科的专业人士和研究生找到了发挥自己实力的地方。例如，科罗拉多大学博尔德分校的下属机构的一些研究涉及人机交互。为此，他们需要精通计算机代码的人才；同时，也有其他项目需要有环境控制和生态系统方面背景的人才。

当利用物理化学方法解决问题时，例如检验提取氧气或去除二氧化碳时的化学反应，则需要有化学背景的人才参与。至于奇亚的主要工作领域，太空微生物学，虽然大部分工作都在微生物实验室进行，但他手下的学生具有微生物学和航空航天工程背景。正如他向希望发展生物航天事业的学生提出的建议一样：

生物航天是一个多学科领域，在太空微生物学中，你需要了解微生物学以及航天工程的一些知识。在太空生物矿业中，你需要地质学和微生物学知识。如果你想做涉及"人类因素"的工作，涉及航天器和居住设施的设计，那你需要有一些心理学背景，因为你会希望自己设计的机器是可操作的而且操作人员也能心情愉悦。你不能让他们讨厌自己每天所处的环境或者每天所使用的设备。[10]

我们将在第9章开始谈论生物矿业，简言之，它就是让细菌吃掉尘埃并将其变成贵金属。

加拿大的长臂

加拿大机械臂（Canadarm），也被称为航天飞机远程机械手系统（Shuttle Remote Manipulator System），是公认的加拿大最著名的机器人研究成果。它在太空中执行航天飞机任务30年，直到美国结束航天飞机计划才退役。

加拿大机械臂是一款非常棒的硬件。我们并没有真正将整个软件整合在一起（在20世纪80年代初期）。但我们知道它是一个很出色的小部件，我们有点凭着感觉说道："喂，美国国家航空航天局！你应该在航天飞机上用这个。"[11]

加拿大航天局（Canadian Space Agency）门户计划主任肯·波德瓦尔斯基（Ken Podwalski）是这样谈起加拿大航天局与美国建立起的太空伙伴关系的。有一段时间，加拿大被当作小弟对待，美国国家航空航天局坚持要拿到机械臂的远程操作权限，但最终情况发生了变化，加拿大拿到了机械臂操作控制权，波德瓦尔斯基得出结论："他们（美国国家航空航天局）提拔了我们并帮助了我们。"[12]

"加拿大机械臂2号"接替了国际空间站上原来的设备。它是一个17米（56英尺）长的机械臂。建造时人们就考虑到在轨道上对其进行维护翻新。事实上，2002年，一名执行太空行走的宇航员就为它更换了一个"腕关节"。"加拿大机械臂2号"在轨道实验室的组装中发挥了关键作用，帮助宇航员进行空间站维护、运送补给和设备，并通过"抓捕动作"抓住来访飞行器并帮助它们停泊到空间站。

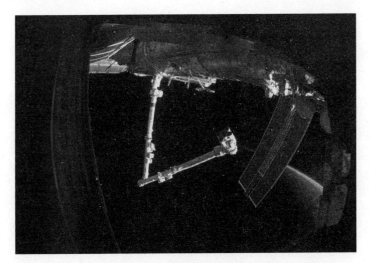

图6-1　"加拿大机械臂2号"

"加拿大机械臂2号"，国际空间站机械臂，由加拿大宇航局宇航员大卫·圣雅克（David Saint-Jacques）于日落时拍摄（照片由加拿大航天局提供）。

加拿大在2019年通过"加拿大机械臂3号"加入美国国家航空航天局的月球门户站点项目并发挥关键作用，重振了与美国的伙伴关系。

实际上，在与月球门户站点计划相关的机器人技术方面，加拿大处于领先地位。正如总理贾斯汀·特鲁多（Justin Trudeau）所发的推文一样（他还在推文里添加了火箭和月亮的表情符号）：

加拿大也要前往月球了！新的"加拿大机械臂3号"将参与月球门户站点的组装和维护，这个机械臂由加拿大人在加拿大制造——它让我们在创新、创造高薪岗位方面保持在最前沿的地位。[13]

"加拿大机械臂3号"将有一个"小助手"来帮助它执行需要灵巧性的机器人任务，该型号类似于加拿大在国际空间站上的专用灵巧机械臂（Dextre）。当月球门户计划的工作人员在异地工作时，"加拿大机械臂3号"将继续自己处理日常任务。这种自主操作水平正是从事建筑、维修、采矿和无数其他繁重杂务的机器人所需要的，这样它们才能支持人类在月球和火星上的活动。

利用小行星

美国当初发起阿波罗计划只是为了赢得一场比赛。到21世纪初，冒险进入太空的心态发生了变化，有远见卓识的人计划让人类留在太空和其他天体上。

那时，科罗拉多矿业学院（以下简称为矿业学院）开始研究如何收集、挖掘和提取资源，主要用于氧气生产。十多年后，几家公司宣布了小行星开采的计划；几年后，世界上更多公司开始对开采和利用各种太空资源产生兴趣。然后矿业学院决定制订计划来培训在该领域工作的专业人士。2018年，矿业学院推出了世界上第一个专注于对太空资源开发领域的科学家、工程师、经济学家、企业家和政策制定者进行教育的计划。小行星采矿的话题引起了媒体的注意，他们开始谈论开采小行星上的金属，就像是19世纪中叶淘金热的翻版。[14]从那时起，其他人带着兴趣进入该领域，他们不一定要将资源带到地球，而是探索原位资源利用这一概念的可行性。他们的目标是将太空中发现的资源投入太空应用中。

正如本书前面所提到的，小行星提供了巨量的矿产资源。然而，就实际情况而言，开采对地球具有价值的岩石并没有收集水资源重要。从小行星和月球等天体中提取水资源是原位资源利用的重要工作之一，另外还需要利用勘探地点的资源来建造居住设施和其他基础设施，以便让人类在太空中长期停留并最终定居。

科罗拉多矿业学院太空资源中心主任安赫尔·阿布德–马德里（Angel Abbud–Madrid）博士说，他们的工作重点是利用知识帮助宇航员在行星上停留更长时间。

我们的焦点放在帮助他们利用太空中的一些东西来在外星的表面上生活。把东西带回地球现在不是优先事项，重要的是让太空旅行者不必从地球上带齐所有东西（这样做的成本是非常高昂的，而且也需要耗费大量的能量将材料从地球运送到太空）。[15]

大约自2010年以来，国际上对太空机构和相关公司的兴趣不断升级。虽然美国国家航空航天局一开始是一个突出的参与者，但俄罗斯、中国、日本、韩国和欧洲的航天机构也在这一领域开展活动。卢森堡也将自己定位为对太空业务有利的企业基地，这与特拉华州在美国的定位非常相似。[16]

小行星开采公司的商业案例一直是一个长期命题。行星资源公司自称"小行星采矿公司"，最初因其从小行星提取资源的大胆愿景吸引了许多投资而备受关注，其业务主要是收集太空活动所需的水资源。根据官网信息，该公司于2018年10月被区块系统公司（ConsenSys）收购，并且业务也转向更宽泛的"太空计划"。

发展的阶段

阿布德–马德里博士帮我们对未来5年、10年、15年和20年的太空活动的就业市场进行了一些预测，聚焦于小行星和月球资源。机会的发展与将要实现的里程碑目标相吻合，其目标主要包括：

- 识别资源；
- 开发提取它们的技术；
- 拥有大规模生产和全面商业化机会。

从2020年到2025年开始，大部分与小行星开采和太空资源相关的工作都将在地球上进行，另外还涉及了探矿作业过程中的勘探阶段——即确定资源的性质、位置和数量。例如，遥感卫星将围绕小行星和月球运行并计算出有多少水资源。发回地球的数据将为我们解答"水有多深？""水有多干净？"等诸多问题。在地面的漫游车也可能参与到勘探过程，地面上还会有其他设备，如挖掘机和钻井系统。

需要注意的是，在建造具有新的应用空间的设备的同时，我们必须更好地利用太空中已有的东西。卫星已经在太空中了，国际空间站也是，只要国际空间站存在，它就可以在开采天体的准备阶段和扩展到月球以外的太空探索过程中发挥作用。虽然太空残骸声名狼藉，但它是近地轨道最重要的资源之一。几十年来我们送入太空的材料仍然存在，并且应该将其当成资源利用。当然，要想利用太空残骸，需要有可靠的制造工艺，同时我们要充分利用低重力或无重力的高真空或超高真空环境。小行星和月球矿业想要成功就需要有这种专业技术：这是从提取资源到制造可现场使用的产品以及加工能够为地球人所用的资源的直接途径。最早进入太空制造领域的一个公司就直截了当地取名为"太空制造"。他们将第一台3D打印机放入了太空（如第1章所述）。现在他们正希望在太空中建造建筑，这样我们就不必从地球向太空运送重型设备和零件了。将3D打印机的产物与报废卫星的零件和太空残骸结合起来，谁知道能催生出什么样的机器人"生命体"呢！

在太空机构的领导、协调、资助以及一些私人投资的支持下，早期的小行星开采工作很可能会促进许多初创公司的发展。他们很可能会为漫游车设计和建造挖掘机和钻机，这些挖掘机和钻机将被装载到太空探索技术公司和蓝色起源公司以及其他公司制造的火箭上。从设计设备的工程师到组装设备的焊工再到遥感科学家，未来将需要多学科的工作人员来执行可能被称为小行星开采计划第一阶段，即"勘探"的商业计划。

第二阶段和第一阶段有所重叠。我们推测第二阶段将从2023年持续到2030年，直到传感器的原始信息让大家对太空资源产生了兴趣为止。投资者，无论是来自公共部门还是私营单位，都需要认定已识别的资源可以从具有潜在价值的东西转化为真正有价值的东西。

至少有一个事件表明这一时间线可能会缩短。在一次日本太空任务中，"隼鸟2号"（Hayabusa2）航天器于2019年7月11日与小行星"龙宫"（Ryugu）交会。关于对小行星"龙宫"执行任务的报道称，"隼鸟2号""降落"在其表面。[17] 其实不完全是这样的。在第一次任务中，这个日本航天器俯冲下来向小行星表面发射了弹头使表面物质松动，然后用喇叭形仪器收集了样本。在第二次任务中，它向龙宫发射了一个更大的撞击器形成了一个陨石坑，然后收集了搅动出的材料；收回撞击器，然后再次发射，然后捕获新的样本。

这之后没有后续任务计划，所以这次事件并不算是隼鸟系列计划的开始，因为该系列计划的目的就是开采小行星。这次任务纯粹是日本宇宙航空研究开发机构（Japan Aerospace Exploration Agency，JAXA）在科学方面的一次尝试，旨在收集样本并将其送回地球进行分析。尽管如此，这种研究和勘探将勘探工作与天体开采项目联系了起来。

在我们称为"项目开发"阶段的小行星开采计划第二阶段，我们应该会看到一些公司向天体迈进。期待这些公司能启动示范项目——提取、储存和加工水资源，这是产品开发的概念验证阶段。

与建造船舶、桥梁等涉及人类安全的任何其他重大事业的发展一样，即使公司能胜任所有工作，也会有政府参与其整体规划。政府往往既提供信息，也能协调资源，以提高成功的可能性并最大限度地减少人们在项目中受到伤害的概率。然而，就小行星和月球开采的实际细节而言，政府可能不会有太多参与。

到21世纪30年代中期，更大规模的生产会开始成形。在小行星上开采出的水将得到处理，以便运输公司可以随时获得太空推进剂。这就是21世纪40年代将出现的燃料站。

这样一来，我们可以开始建立真正的太空基础设施，包括中转站和燃料站，以支持太空运输业务。这样做的另一个好处是为卫星补充燃料，这样它们就可以继续在轨道上运行，而不是成为太空残骸。

推进剂还可以被送回近地轨道或地球和月球之间的其他重要轨道，并出售给公司，为其火箭提供燃料。届时，太空商业化将开始蓬勃发展。在太空制造的产品可以在太空中销售，另一些在太空制造的产品也会"出口"到地球上出售。

从勘探阶段转向相对稳定的商业运营时，通常只需要一般的行政、科学、技术人员，但在高级机器人技术和机器学习（人工智能）领域将特别需要专业知识。我们在第1章中以"麦克"管理小行星上的机器人劳动力为开端，在这个场景中就是人类管理机器人劳动力，由机器人挖掘和处理资源并处理其他机器人的维修工作，甚至可能在人类受伤时充当第一响应者。我们将在第10章中更多地探索机器人的这些人工智能功能。

本次讨论中刚刚涉及的科学和技术领域的学生和专业人士应该注意：其他行业也需要你。阿布德–马德里身居科罗拉多矿业学院中一个独特的位置，能了解到他的研究太空资源领域的学生们可能会在已经存在一个世纪甚至更久的公司中找到什么样的工作：

矿业、石油和天然气企业，还有设备制造商对太空矿业感兴趣。因为首先，太空矿业也涉及了在地球上所利用到的技术。现在，这些公司有双重目的：开发可用于当前地球上运营的技术——为公司提供收入以维持运营，然后将运营工作转移到太空。

他们正在寻找可以前往地球偏远地区的非常先进的机器人系统，这些自主控制机器人能够导航并处理包括地球深处的高放射性物质在内的物质，这些对人类而言非常危险。类似的技术也能让机器人在适应不同的重力和温度后开采小行星和月球上的资源。

他们想要这样的技术，但他们也想为接下来会发生的事做好准备。[18]

增材制造，也被称为3D打印，也是有关月球和小行星开采商业化的重要学科。在微重力环境下进行增材制造的能力是在太空赚钱的核心。简化后的对增材制造的解释为：它是指以精确的几何形状添加材料层来生产物体。这种制造技术依赖数字工艺与模拟工艺，已经在地球上成功使用了几十年，太空制造公司在国际空间站上进行研究后，证明了该技术可以进行转化，适应微重力环境。该技术的合理应用方式应该是利用天体表面的风化层来建造工具、备件甚至居住设施。

同样，公司不仅对利用此类技术在其20年后的商业计划中开展活动感兴趣，而且对其当前用途感兴趣——用于地球上的赢利性投资。比如，增材制造在太空中进行建造的同类议程也适用于新一代发电产业和增强型通信。阿布德–马德里表示：

这就是机会所在。要以由地球应用转变到太空应用的方式来建设太空基础设施，以便后续执行这些操作。[19]

与小行星接触

太空采矿作业的基础是与小行星进行物理接触的技术以及稳定小行星位置的技术。"隼鸟2号"与"龙宫"小行星的成功交会实际上只触及了小行星勘探的皮毛而已。

图6-2 宇航员与小行星的初始交会

　　这张图片展示了与小行星的初始交会会是怎样的，要怎样才能实现与小行星保持交互。系带连接是为了控制小行星以便人员登陆或是将其拖到更理想的位置。这种连接方式成立的前提是小行星的引力非常小。着陆、部署挖掘机和钻孔这些简单的行为都将会使岩石碎片进入太空。那么，要如何从刚刚用套索套取的小行星上提取资源呢？

　　从部分小行星这种碳质天体中提取水，与在地球上提取水的惯用方法没有相似之处，虽说这种过程可以在地球上完成。例如，无须钻孔就能找到一袋水。水就是岩石的一部分，提取过程则需要强烈的光照和加热。

　　这种过程叫光采，即用光钻孔。航天器上的反射器将按一定角度放置以反射和聚焦太阳光线。这一过程与野外训练中能学到的利用太阳能点火的原理相同。在偏远地区，你可以等头顶上有太阳时用一个五倍或倍率更高的放大镜来聚焦太阳光束。不过需要注意的是，不能使用白色材料作为引火物，因为它会反射光和热。

　　将这个过程放在小行星上的话，强大的反射器会将太阳能引导到需要开采的位置。太阳光加热岩石，岩石会释放出水。但是当水沸腾并开始蒸发时，水会试图强行"逃逸"，就和沸水向上推动锅盖这一现象一样。这个膨胀过程会使岩石破裂。

　　当水和碳等挥发性元素溢出时，它们会在称为冷捕集的过程中被冻结。阿布德–马德里解释道：

你最后得到的是一个覆盖着冰的袋子。你取出袋子，可以提炼出水并使用，或是把这个袋子带到一个地外设施将其转变成氢气和氧气来制造推进剂或是其他东西。[20]

如果我们阐述如何在实验室中模拟该过程，那我们就能清楚知道其中原理。而且这种模拟也能帮助大家理解在天体上进行光学开采是怎样一个过程，并了解到这种方法并非纸上谈兵。具体操作方法如下。

● 为了在实验室中提取水，由高强度灯替代太阳产生集中光束。

● 该操作系统需要模拟的太空环境中的另一个要素是真空室。真空室还可以模拟其他天体上的条件，比如火星上的条件：抽出空气后，将少量二氧化碳泵入真空室。

● 该操作系统中第三个需要注意的是温度调节。比如，如果要模拟月球上的夜间条件，就需要将液氮注入真空室，将温度降至-190℃；要模拟白昼条件，就需要加热到大约100℃。

● 因此，为了模拟从小行星或月球样本中提取水的过程，需要先将岩石置于压力和温度合适的环境中用强光照射。然后水会以蒸汽的形式出现，并暴露在注入液氮的极冷线圈中，最终在达到冰点温度时凝结成冰。从岩石中提取到的水变成了冰。之后，冰能被解冻、净化和消耗，用于屏蔽辐射或是转化为氢气和氧气这两种具有作为推进剂价值的物质。

图6-3　安赫尔·阿乐布-马德里博士

科罗拉多矿业学院太空资源中心主任安赫尔·阿布德-马德里博士正握着通过光学开采从模拟小行星岩石中提取出的水。

要想使用系绳将小行星移动到更理想的位置进行开采和加工，那我们可能需要将它拖动到一个太空中物体能稳定的点。理论上来说就是利用拉格朗日点，在第1章中简要解释为：在这些位置上，月球引起的震荡模式将是有章可循的。小行星可能并不会被原地开采，而是会被我们利用太阳帆、太空拖船或火箭移动至月球的轨道路径上的L4和L5点，与月球呈60°角。

5个拉格朗日点是地球和月球引力场相互抵消的地方，这5个点的轨道稳定。放置在这些位置上的物体受到地球和月球的引力大小相等方向相反，所以能在轨道上保持固定。而其中L4和L5点是最稳定的。

为了方便认知可以这样思考：位于拉格朗日点的小行星就像山顶上的大理石，四周都是陡峭的斜坡，但山顶上有一个地方能安稳地放置大理石。

在1774年前后，法籍意大利数学家约瑟夫·路易斯·拉格朗日（Joseph Louis LaGrange）（1736—1813年）利用牛顿的引力理论探索了木星围绕太阳运行的轨道上两个独特的点（L4和L5，两个点位于气态行星的前方和后方，在轨道上分别与木星呈60°角）的性质。多年后，人们在这些永久轨道上的拉格朗日点附近发现了几颗小行星，这些小行星被称为"特洛伊"（Trojan）小行星。

在地月系中，L4和L5轨道的稳定性要复杂得多。太阳虽然遥远，但由于其巨大的质量，也能极大地影响地球附近的轨道。这份引力会扰乱在这两个点上的物体的轨道。幸运的是有个变通的方法。1969年，斯坦福大学的A.A.卡梅尔（A. A. Kamel）计算出L4和L5处的稳定区域位于这些点的轨道上，围绕在中心平动点

90 000英里内（见图6-4）[21]。围绕地球的轨道将处于偏心运动状态。

其他的平动点分别是月球两端的L1和L2，以及与月球呈180°角的L3。我们最好将小行星拖动到月球甚至是地球的L4或L5平动点。

万有引力定律适用于地月平衡点，同样也适用于地日平衡点。在地球围绕太阳运行的轨道两侧呈60°角的地方也被称为地日L4和L5点。更大的小行星可以放置在这两点上以备使用。

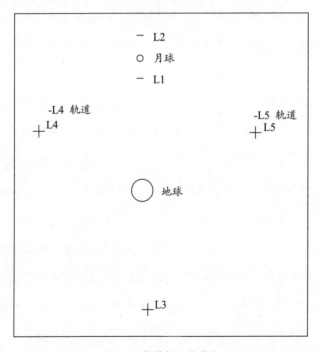

图6-4　拉格朗日平动点

在小行星附近闲逛

两个19岁的企业家驾驶着他们父亲的航天器进入近地小行星。他们拖着一个废旧火箭。

杰克（Jake）和艾萨克·西姆斯（Isaac Simms）以捡拾太空垃圾谋生，这些太空垃圾被认定为重型残骸，如果太大的话要么装入船舱，要么拖走——就像那枚废旧火箭一样。太空垃圾通常能在墓地轨道上找到。距离地球大约23 000英里。这些废旧火箭和报废卫星越来越少，因为像杰克和艾萨克这样的许多回收员正在将它们从轨道上清除来赚取现金。他们意识到他们必须去其他离地球更近的地方。

幸运的是，没有两艘飞船同时盯上了同一块垃圾，否则可能会爆发战斗。虽然太空垃圾还有很多，但已经有减少的趋势了，他们的收入也受到了影响。

杰克和艾萨克要将飞船停在小行星上时，小行星向他们的推进火箭射出了一条线，将他们拖向小行星，快登上行星时他们也松开了飞船上的线。然后飞船着陆并被拖到一个机库，他们下了飞船走向办公室，这个区域充满了空气。飞船的隔间被打开，一颗破碎的报废卫星被取了出来。

他俩走向办公室与主管罗伊·索姆斯（Roy Soames）交谈。报废的卫星能带来一些黄金和铂金。还有火箭部件，也能提取出一些东西。

罗伊分析了他的下属在电脑上登记的金属后说道："我给你们俩25 000块。"

"就这？"杰克大喊道。

"听我说，在把它们熔化之前我们必须做很多工作才能分离出这些金属。捕获它们只是工作里最简单的部分。负责大头的是我们。"

"而且你能得到10倍于你给我们的钱。"

"对，没错！拿那么多就知足了吧。大部分垃圾场的出价还没到我给你们的一半！"

艾萨克叹了口气："我看就这样吧。"

"要出去再找些？"

"对，但墓地轨道差不多都清光了。我们得去离地球更近的地方，至少能搞到一些垃圾卫星。"

"就算去近地轨道也很难搞到手呀。墓地轨道才是自由区域，他们愿意睁一只眼闭一只眼，近地轨道的情况可就不一样了。别忘了，未经许可打捞垃圾卫星可是违法的，最近正查得严呢。有一次，有两个回收员捕获了一个卫星，他们以为是垃圾，结果是还在运行的气象卫星，美国政府一怒之下就把他俩送进去吃牢饭了。所以还是注意点儿好！"

两兄弟笑道："我们不会有事的，我们要聪明些。"

当然，这就是著名的"遗言"了。

飞船在地球上方500英里处进行侦查。它跟踪到了一颗老旧卫星，然后用缆线将其捕获，拖回了船舱内。

他们正要离开时就被太空警察的飞船撞上了。

"停下！"

两名飞行员僵住了。

"你们因违反《外空条约》第八条，盗窃私人财产而被逮捕。你们将被送往阿尔法基地接受审问。"

他俩被送进阿尔法基地的国际太空警察局接受审问。

"你们是否有驾驶该船执行回收行动的许可？"

"唔，没有。"杰克回答道。

"你们是否清楚，回收卫星，哪怕是垃圾卫星，哪怕是火箭部件甚至是鹅卵石大小的太空残骸也需要许可证并提前通知我们和卫星所有者？"

"你在开玩笑吧？"

"我没在开玩笑！小伙子，你们有大麻烦了！"

两位回收员走了一遍法律程序然后被放行了。但他们的飞船被没收了，这可让他俩的父亲气得不轻。

原来，一个执行任务的有执照的企业目睹了这艘飞船进行回收作业并产生了怀疑。他们记录下了飞船的牌号并打电话给国际太空警察。这艘船没有登记，所以太空警察直接扑向了这两兄弟。

太空回收员竞争激烈，不容许陌生人进入他们的地盘。

第7章 建造居住设施

已故的普林斯顿大学物理学教授杰拉德·奥尼尔有一个愿景，即使用外星材料建造巨大的旋转太空居住设施来解决太空居住的问题。居住设施可以建成不同的形状和大小并创造定制的、令人愉快的环境。这种居住设施就像微型行星一样，人们可以住在里面。

在考虑奥尼尔设想的太空居住设施的结构和特征之前，我们最好先了解下他的工程设计背后的乐观思维，这种设计源于他布置给本科生的物理作业。他引用了与两个北极殖民地有关的社会学研究：

其中一个是英国殖民地，英国人非常在意色彩和形状；另一个是美国殖民地，美国人根本不关心这种事……他们觉得这个殖民地就像监狱一样。结果大相径庭：在美国殖民地，充斥着犯罪和酗酒，生产力低下……而在英国殖民地……尽管物质条件的限制相同，但对人们的实际影响大不相同，大家都很快乐。[1]

英国在北极殖民地没有配备执法人员；相比之下，美国人必须每20名工人就配备1名警察。

白手起家

从月球或小行星中提取材料是建造像奥尼尔设想中的居住设施的第一步。现在，我们将目光放在月球上，因为关于从零开始建造居住设施的最实用的研究都以研究月球的特征为重点。

如果人类要留在月球表面或居住在月球上方的太空居住设施中，那就应该就地取材料来建造庇护所、工具和备件等。从地球发射任何东西到月球都需要巨额费用，要想把所有材料发射到月球上是不切实际的。我们的目标应当是最大限度地减少载荷并最大限度地利用原位资源。在现场开采和加工的玄武质熔岩等资源可能会与添加剂混合，然后送入3D打印机喷出一层层的"水泥"来建造一个庇护所。

图7-1　3D打印机制造的洞穴状结构

这张由科罗拉多矿业学院拍摄的照片显示了一个大约3英尺×3英尺的洞穴状结构，该结构是由一个大约10英尺高、10英尺宽的艾康3D打印机制造的。侧面突出的PVC管表明应该如何置换材料才能为门、与外部结构的连接、内部布线和其他负形空间腾出地方。整个过程由计算机辅助设计指导，向3D打印机发送指令，指示喷嘴应在何处挤出建筑材料。

增材制造是3D打印的官方行业术语，这项技术为使用原生材料进行建筑建造提供了巨大的可能性。月球和火星上的玄武岩就是我们的机会（也将制造过程复杂化了）。玄武岩是人们在月球和火星风化层中发现的理想建筑材料之一，但要注意的是，玄武岩可并不是一种材料，而是一大类材料。一般来说，玄武岩是一种富含铁和镁的细粒火山岩，主要由斜长石、橄榄石和辉石矿物组成。[2]但是，在建造人类居住设施时，并非所有玄武岩都是等价的。

由夏威夷州资助的太平洋国际太空探索系统中心（Pacific International Space Center for Exploration Systems，PISCES）正在进行研究，以确定哪种玄武岩成分有助于建造出持久耐用的居住设施，而不是使用不久后就会报废的居住设施。太平洋国际太空探索系统中心专门致力于确定烧结（即将材料置于高温下）的理想成分。例如，想要制造用于建筑或发射平台结构的玄武岩砖块、瓷砖或墙壁，我们就会用3D打印机挤压出材料，然后通过太阳辐射烘烤，以创建一个结构完整性超过混凝土结构的单元。[3]

太平洋国际太空探索系统中心充分利用其在夏威夷的地理优势，其附近有许多开采熔岩流和富含不同玄武岩成分的采石场。在烧结后，接下来的一组实验将通过结构测试确定烧结砖的压力承受能力。太平洋国际太空探索系统中心的地质和材料科学技术员凯拉·爱迪生（Kyla Edison）解释道，该测试将"展示其热容量、热导率、孔隙率和热膨胀——所有这些因素都和建材的强度和使用寿命息息相关。"[4]

再补充一个白手起家从头开始建造居住设施的挑战：我们到达月球或火星表面后，如何找到具有理想建材成分的玄武岩。

奥尼尔在3D打印出现前10年就提出了建造太空居住设施的概念，他使用原位资源的愿景与3D打印机的使用不谋而合。在他设想的居住设施中，模拟地球的生态系统必须被引入外太空和被人工培育出来。他认为，公园、森林、湖泊和河流会让来自地球的人们有真正的家的感觉。

如果说用玄武岩熔岩打印出来的洞穴状住宅位于白手起家光谱的一端，那么奥尼尔的"殖民地"就在另一端。奥尼尔在1976年出版的一本名为《高边疆：太空中的人类殖民地》（*The High Frontier: Human Colonies in Space*）一书中描述了他的计划。这个计划起源于奥尼尔的物理学系研究生的一个项目："行星的表面真的适合不断扩大的技术文明吗？"

几年后，普林斯顿大学一名优秀的理科生，杰夫·贝索斯（Jeff Bezos）——后来成为蓝色起源公司的创始人，直接接触了奥尼尔和他的想法。因此，尽管奥尼尔的"殖民地"的概念已经存在了大约半个世纪，但贝索斯在蓝色起源公司关于太空生命的演讲基本上是在重申奥尼尔的概念。[5]

居住设施会采用三种不同的形状：伯纳尔球体形（Bernal Sphere）、圆筒形（Cylinder）和环形（Torus）。居住设施的大小可能会有所不同，具体取决于所需容纳的人口。理论上讲，这些居住设施可以扩大规模以容纳数百万人。

总的来说，居住设施会采用气密外壳建造，内部会用来自月球或小行星的泥土（矿渣）来覆盖。居住设施内部将会内置整个生态系统以及建筑物。人们将拥有自己的私人住宅，但和地球上截然不同的是，地平线会向上弯曲而不是向下弯曲。太阳能将使能源基本上免费，而太阳能则由居住设施稳定旋转不断提供。

伯纳尔球体形

伯纳尔球体由一个"末端"扁平的球体组成。在这些末端是反射太阳光的镜子。球体的两侧是嵌进墙体的农业区，全年为人口提供食物。在居住设施结构的最末两端将是太空工厂，太阳的能量辐射将通过太阳能电池板吸收，为人们的工作和生活提供能源。

受到防护的居住设施将拥有类似地球的内部环境。在一个直径为1700英尺的球体中，球体周长将超过1英里。球体会以每分钟1转的速度旋转，赤道上的引力将等于地球引力。当远离赤道前往两极时，重力会降低，在两极点重力为0。这种大小的球体可以容纳大约10 000人。

圆筒形

圆筒形居住设施使用的技术比伯纳尔球体形居住设施更先进，而且圆柱形居住设施可以做得更大，与最初的伯纳尔球体形居住设施相比能容纳数倍的人。它看起来可能像这样：直径4英里，长20英里，除去太阳能窗所占的面积后，陆地总面积为250平方英里。居住设施将有6个子区域：3个山谷和3个让太阳照进居住设施的太阳能窗阵列。太阳能窗的光平面镜能打开和关闭，让太阳"升起"和"落下"，形成昼夜循环。每个山谷宽2英里，长20英里。圆柱的一侧，也就是轴，总是指向太阳。

全部的陆地区域在用土壤和生态系统覆盖之后，很容易让大约400 000人舒适地生活，这个数量的人口等于俄亥俄州克利夫兰市或泰国乌隆他尼市的人口。

在轴线上方会有一个连接起来的面向太阳的矩形或串珠似的环面用作农业区，为居民提供食物。电力将从外部发电站通过在社区建成时铺设的地下电缆进行传输。两个旋转方向相反的居住设施可以通过缆线并排连接。

环形

斯坦福圆环设计是一个气动管状设计——外缘为轮状，轴为中心轮毂，有6根辐条连接。这种结构的管状直径略超过1英里，周长为3~4英里。管子本身的直径将超过400英尺。

其枢纽（中心轮毂）是居住设施的物理中心，将包含休闲区、低重力体育馆和游泳池。它是6根辐条汇聚的中心区域，每根辐条都有电梯井、对接端口、电力缆线和供热管道。辐条可以作为办公室、商店和实验室所在地。它充当了居住设施的十字路口：所有里面的人和货物都将在其中停靠和通过。

外面的气动管状部分是居住设施本身，随着轮子的旋转，居住设施将产生地球重力。和其他形状的居住设施一样，环形居住设施将有6~10英尺厚的炉渣层，以抵挡太阳耀斑和其他类型的辐射。居住设施将有河流、湖泊、公园、花园、树木和露天农场等多样化的环境。环形居住设施将有足够的空间舒适地容纳10 000人。环形边缘表面区域的内部三分之一由安装在铝制肋条上的玻璃面板组成，让次镜反射的阳光能照射进去。中央集线器正上方是一个大而轻的镜子，直径超过半英里。它飘浮在居住设施上方，装有小火箭，以便随时调整位置（也可能利用缆线相连）。这面镜子将与太阳形成一定角度，将阳光反射到双镜环上。这些镜子安装在轮毂周围的环中，由辐条支撑，将阳光反射到居住设施中。镜子可以倾斜反射阳光。在居住设施"日出"和"日落"期间，镜子将调整两次角度。

"南极点"或枢纽"底部"的下方可能有次级球体，可能包含建筑棚屋、太阳能卫星、太空工厂、宇宙飞船，也甚至可能本身就是一个球体居住设施。这个次级球体也可以是一个工业区，通过质量捕获器从月球轨道上的小行星上采集矿石以便加工金属。圆环可以作为主要的工业区使用，居民在那里工作并支撑其上搭载的太空基础设施。

预制结构

在2012年由美国国家航空航天局载人航天建筑团队（Human Spaceflight Architecture Team，HAT）撰写的一篇论文中，作者不仅概述了深空居住设施的技术需求，还概述了与人类需求相关的需要考虑的因素。在汇编了有关太空要求的所有数据后，他们得出结论认为，居住设施应该是一个4层楼的结构，总共有将近10 000立方英尺（268立方米）的加压空间。[6]他们将所需的子系统分为7个不同的类别，并列出了所需的空间占比：

1.设备（22%）；

2.任务运作（20%）；

3.飞船运作（20%）；

4.个人空间（18%）；

5.公共区域（12%）；

6.后勤和补给（6%）；

7.应急计划（2%）。

该团队在结论中指出，他们的工作在完成详细设计之前就停止了。然而这种设计确实允许每个子系统团队采取自己的设计策略。在几年后，一些居住设施开发人员在想吸引美国国家航空航天局的注意时发现了这些辛勤工作的成果。

2016年，美国国家航空航天局选择了6家美国公司开发太空居住设施原型：毕格罗宇航公司、波音公司、洛克希德·马丁公司、轨道ATK公司（Orbital ATK）、内华达山脉公司（Sierra Nevada Corporation）下属的太空系统公司（Space Systems）和纳诺拉克斯公司（NanoRacks）。一个主要的设计标准是，每个原型都要与美国国家航空航天局的月球门户计划兼容。

美国国家航空航天局的目标是尽快推出准系统版本的门户，以便将其作为临时站点，宇航员可以在该站点从航天器转移到登陆器中，然后前往月球。

美国国家航空航天局于2019年春季开始测试其中5个原型，并将纳诺拉克斯公司的概念研究纳入评估。轨道ATK公司，即现在的诺思罗普·格鲁曼公司是唯一能够满足美国国家航空航天局紧迫时间表的公司。不过，其他竞争公司的不同居住设施设计方法也很有价值，这些都是可行的替代方案，在某些情况下还能充当补充模型。

其中2个模型涉及了充气技术，另外2个模型重新利用了现有设备，还有1个将在太空中组装。

● 内华达山脉公司提议的居住设施被称为"生活"（LIFE）：大型充气织物环境（Large Inflatable Fabric Environment）。吊舱的直径为27英尺，内部容积约为10 000立方英尺。其内部由三层楼构成，有乘组宿舍、厨房、运动区和进行实验的区域。模型中还有内华达山脉公司称为宇航园（Astro Garden）的东西，它是一堵植物墙，居住者可以用它来种植新鲜的农产品。内华达山脉公司的充气设计使其可以用任何常规火箭发射。核心概念是能把它带到需要的地方，然后充气并装备生活/工作区。

● 毕格罗宇航公司也提供了一种充气设计，但称其为"可扩展模块"。之前被称为毕格罗可扩展活动模块（Bigelow Expandable Activity Module，BEAM）的单元，通过了国际空间站为期2年的测试。和内华达山脉公司的充气装置一样，毕格罗宇航公司的充气装置可以由常规火箭携带。用于门户综合体的这个装置被称为B330，它有330立方米（大约11650立方英尺）的内部空间。

和其他居住设施一样，除了有可靠的零重力厕所这样舒适的设施之外，它还具有辐射屏蔽和其他保护措施。居住设施的外部有18英寸厚，包含了几十层材料。大家可以回想一下本书前文对"阿波罗11号"宇航服的描述，它有22层材料，每一层都至关重要。毕格罗宇航公司还有一个更小的设计版本，被称为"命运"（Destiny），其内部容积大约为这个居住设施的三分之一。

●洛克希德·马丁公司的居住设施在2018年于肯尼迪太空中心开始建造，是对一个多功能后勤模块的翻新。多功能后勤模块是用于将货物从航天飞机转移到国际空间站的大型加压容器。洛克希德·马丁公司的工作是在多纳泰罗（Donatello）模块的基础上进行的，该模块从未进入过太空。它长22英尺（6.7米），宽15英尺（4.57米），预计供宇航员使用不超过60天。与其他已经描述过的原型一样，它包含了用于科学研究的架子、生命维持系统、睡眠隔间、娱乐设施和工作站。

●波音公司的方案是将居住设施分成4个部分发射然后组装起来，这样它就能成为月球轨道上门户计划的一部分。波音公司在空间站建设方面具有经验，该公司是国际空间站的主要承包商，因此其设计居住设施也算具有独特的背景。这个原型的概念是建立在为空间站开发模块的基础上的。

●诺思罗普·格鲁曼公司的获胜概念是一个足够小的居住设施，可以用"天鹅座"自动货运飞船搭载发射，该飞船被用于将货物运送到国际空间站。尽管这个居住设施尺寸紧凑，但设计很舒适。[7]实际上，该公司的"天鹅座"团队已经与美国国家航空航天局建立了良好的合作关系，这也算是一种保障，即诺思罗普·格鲁曼公司的居住设施可以在2020年之前交付。

● 纳诺拉克斯公司带着独特的方案参与到了竞争中，他们的方案是重新利用废弃的运载火箭的上面级。他们的居住设施叫作艾克西翁（Ixion），该设计是在美国国家航空航天局支持的为期5个月的研究得出结论后出炉的。这项研究得出结论，可以将留在近地轨道的"阿特拉斯5号"火箭的上面级转换为居住设施模块。纳诺拉克斯公司的概念涉及改装废弃火箭上面级，为其安装维生系统以及其他公司提案中囊括的其他系统。纳诺拉克斯是6家公司中唯一一家不涉及开发地面原型的公司。

这些设计的目的都是用于月球表面，但它们都提出了一种在月球上放置庇护所的方法。

2019年，美国国家航空航天局通过太空技术研究所（Space Technology Research Institute，STRI）拨款资助了两个校企联合居住设施开发"研究机构"。其中一个是弹性地外居住设施研究机构（Resilient ExtraTerrestrial Habitats Institute，RETHI）。

弹性地外居住设施研究机构寻求设计并运营弹性深空居住设

施，这种居住设施能够适应、吸收各种预料中和预料外的扰乱并从其中快速恢复。该研究机构计划利用民用基础设施方面的专业知识和先进技术，如模块化、自动控制机器人以及混合模拟。

通过综合努力，弹性地外居住设施研究机构成熟的深空居住设施可以在有人和无人两种配置情况下运作。该研究机构计划创建一个信息物理原型测试平台，让物理和虚拟模型能够进行开发、部署和验证不同的功能。[8]

最后，还有一个叫作"家（HOME）"的项目：对任务特化居住设施进行探索。该项目是由美国国家航空航天局资助的由多所大学参与的太空技术研究机构承办的。[9]目前的承诺是5年内由太空技术研究所拨款1500万美元进行该项目。"家"团队包括：

- 加利福尼亚大学戴维斯分校；

- 科罗拉多大学博尔德分校；

- 卡内基·梅隆大学；

- 佐治亚理工学院；

- 霍华德大学；

- 得克萨斯农工大学；

- 南加州大学；

- 内华达山脉公司；

● 蓝色起源公司；

● 联合技术航空航天系统公司。

一个主要问题是确保居住设施的自主系统以最高效率运行。因此，该团队除了许多工程师外，还包括了机器学习和机器人系统方面的专家。

卡内基·梅隆大学的首席研究员是土木工程教授马里奥·贝尔热斯（Mario Bergés），他认为土木工程师在太空中扮演着主要角色：

从一开始，土木工程师就一直是支持现代生活的基础设施的管理者。如果人类正在进入太空，那么土木工程师成为太空活动中的一分子也是说得通的。[10]

个人风格

在智能环境中心（Center for Intelligent Environments，CENTIENTS），南加州大学的跨学科师生团队正在研究人与建筑之间的双向交互。该团队成员包括工程、计算机和数据科学、社会科学、设计、人工智能以及其他以人为本的设计领域的学者和创新者。在美国国家科学基金会的支持下，他们建立了一些项目来证明他们的假设：

人工智能的最新进展为人类行为和偏好与自动化相结合以开发个性化、动态的工作和家庭环境打开了大门。[11]

虽然智能环境中心并没有特别关注太空居住设施的设计，但月球或火星上的定居点建成时，不难想象相关技术能带来的好处。以人为本的建筑方法可以使地球外的居住设施给居住者带来控制感和熟悉感。先驱者们可以离开地球"回家了"。

第四部分

冒险之旅

第8章 太空旅游

有关太空旅游的论点很简单：太空旅游将为人类定居太空铺平道路。理论上说太空旅游可以：

● 将太空运输的成本成倍降低；

● 改善太空运输并使其多样化；

● 改善太空居住条件；

● 全方位提升安全性。

然而，尽管有充分的理由，但航天界的一些人仍然嘲笑太空旅游的概念。随着越来越多的商业计划得到技术进步的支持，这种言论有所缓和。

在2014年10月"太空船2号"发生致命坠毁事件后，很少有像《连线》（Wired）杂志的评论专栏将其称为"百万富翁的疯狂刺激之旅"这么严重的舆论事件了。[1]潜在太空旅客的旅程很可能会带来巨大的经济损失以及生命危险，然而追求太空旅游背后的动力并未消失。

从财务角度来看，目前将数十亿美元投资到太空旅游业貌似很荒唐。然而，据世界旅游理事会（The World Travel and Tourism

Council）估计，全世界有超过2.6亿人从事旅游业。[2]在美国，该行业从业人员约有600万人，年化就业增长率为1.7%。全球旅游支出超过9 500亿美元。旅游业占全球国内生产总值（GDP）的11%，旅游业收入总和超过1万亿美元，是世界上最大的产业。

现在有登上珠穆朗玛峰和乘坐潜水器前往深海的旅行；对有钱又喜欢冒险的人来说，太空就是下一个天堂。太空旅游正在兴起。

太空旅游的前身

太空营以基于运动的太空模拟体验和与太空探索相关的活动为特色。由于太空营面向各种身体状况和年龄范围的人群，所以它是在培养公众对太空的喜爱，而不是让公众为前往太空做好准备。

下一步是零重力飞行。美国的KC-135飞机，也被称为"呕吐彗星"，有一种机动飞行方式，飞机先飞起来然后俯冲模拟零重力。该机在24 000英尺到32 000英尺的高度之间以抛物线的轨迹飞行。它的机动方式类似于过山车。飞机以45°角向上飞行，达到顶峰后以45°角向下俯冲产生零重力，这时飞机内是完全失重的状态，机内的物品会飘浮在机舱中。

随着飞机以30°角拉起，重力恢复，参与者们会轻轻落在飞机地板上。最后，重力缓慢增加到大约1.8G，直到飞机到达24 000英尺的高度，然后重复之前的机动方式。游客可以飘浮几分钟，或者在飞机完成"旅行"前都能体验失重。

美国国家航空航天局利用格伦零重力研究设施（Glenn Zero Gravity Research Facility）等进行地面微重力环境研究，他们定期在这些设施内接待游客。该设施是一个大约510英尺深的竖井，也被称为"落塔"。其内部空气被抽出以消除阻力，物体在从上面落下的5秒钟内会处于失重状态。[3]

俄罗斯版的"呕吐彗星"是伊尔-76运输机的改装版——伊尔-76 MDK，座位可以通过太空冒险公司（Space Adventures）预订。和"呕吐彗星"一样，它会进行一系列抛物线机动，每次都会提供大约25秒的零重力体验。

X奖金竞赛的创始人彼得·迪亚曼迪斯的零重力公司（Zero Gravity Corp）还为游客提供了量身订制的波音727零重力飞行航班。飞机执行抛物线运动以创造失重环境，单次乘坐起价为每人5 400美元。零重力公司在官网上指出，该航班提供的服务包括"15次抛物线运动、专属零重力飞行服、零重力商品、恢复重力庆典、失重结业证书、独特体验的照片和视频。"[4]代言人则群星荟萃，包括了宇航员巴兹·奥尔德林博士、已故著名理论天体物理学家和宇宙学家斯蒂芬·霍金（Stephen Hawking）教授以及烹饪生活专家玛莎·斯图尔特（Martha Stewart）。

一段经过检验的历史

太空旅游业曾被嘲讽，后来又备受推崇。太空旅游被嘲讽为"荒谬"，一般是因为其过于超前，而不是因其概念本身是荒谬的。

从21世纪初该业务获得早期成功后，太空冒险公司开始与俄罗斯的航天机构——俄罗斯联邦航天局（Roscosmos）合作，为超级富豪游客提供服务。[5]从2001年4月至2009年9月，有7位平民乘坐"联盟号"宇宙飞船前往国际空间站，每人的收费为2 000万至3 500万美元。其中1位国际空间站游客就是游戏软件巨头、太空冒险公司的创始人理查德·加利奥特（Richard Garriott）。太空冒险公司目前雇佣人员在地面上训练太空旅游宇航员，为飞行体验服务进行筹划和营销，并向公共机构和私营实体出售飞行席位。

在加利奥特的5位客户参观了国际空间站后，总部位于巴塞罗那的太空旅游公司——银河套房设计（Galactic Suite Design）公司宣布了其银河套房项目。[6]该公司的长期计划包括"提供模块化太空住宿的轨道连锁酒店……与赤道有关的设计和位置可以让游客每天绕地球轨道飞行15次并观看15次日出！"。[7]第一个轨道航天飞机度假村原本计划在其宣布建设后的5年内开放，即2017年。后来计划延期，测试发射计划在2014年进行，但他们也没能完成这个目标。

银河套房公司的技术准备并不能满足他们这一抱负满满的时间表安排。该公司从未能够获得用于运输的火箭系统,更不用说为轨道飞行器配备度假村设施了。在2008年,该公司打算开放预订,开始收取太空三日游的定金,每人300万欧元(当时约合440万美元),其费用还包括在加勒比海岛上的一家豪华酒店进行培训。然而像XCOR航空航天公司等企业并不会提前收钱。

XCOR航空航天公司制订了一项赢得尊重的早期太空旅游计划。正如后来的《太空新闻》(*Space News*)宣称的那样:"XCOR航空航天公司在一段时间内似乎是亚轨道太空旅游业务最强的竞争者。"[8]XCOR航空航天公司会让航天飞机水平起飞而不是垂直发射,一名飞行员会带一名乘客穿过卡门线并停留几分钟让乘客体验太空的感觉,然后返回地球降落在常规跑道上。XCOR航空航天公司的山猫航天飞机最初的票价定为每次飞行100 000美元,他们认为每天可以进行5次飞行。[9]不幸的是,尽管XCOR航空航天公司拥有精湛的技术和航天飞机设计,但并没有一个具有凝聚力的商业计划的支持。他们的太空旅游计划影响了公司原来的重点业务并导致公司破产。此后,游客们只剩下老式的垂直发射和国际空间站之旅可以选择了。

与此同时,对太空抱有梦想的游客已经向XCOR航空航天公司支付了35 000美元的押金(部分情况下游客需要全额付款),他们希望在2011年或2012年前后体验90秒的失重。[10]日期一直在推迟,付费客户就寄希望于2015年或2016年开始自己的旅程。然后XCOR航空航天公司于2017年11月宣布破产。估计有282人已经为此投入了资金。[11]付款的人并不关注自己的经济损失，更为重要的是他们感到失望。

XCOR航班的取消对持票人西里尔·本尼斯（Cyril Bennis）来说是毁灭性的打击。他小时候与美国国家航空航天局宇航员约翰·格伦（John Glenn）见面后就一直梦想前往太空。本尼斯甚至还去过宾夕法尼亚南安普顿市的美国国家航空航天训练和研究中心为这次亚轨道飞行做准备。[12]

正如圣人柴郡公司的创始人阿特·汤普森（Art Thompson）所言："我认为，公司们喜欢用太空旅游的噱头吸引投资者和顾客是因为'每个人'都想成为宇航员。"[13]

另外也有一家有创意的公司吸引到了潜在的太空游客，因为这家公司与美国国家航空航天局宇航员和高级人员有联系。在这种情况下，"游客"应该是政府代表而不是私人。金钉公司（Golden Spike）的目标是开发一条"地月间高速公路"。[14]地月间指的是地球和月球或月球轨道间的区域。他们打算在2020年之前将机组人员送上月球并返回，每次飞行的费用估计为14亿美元。在金钉公司2010年至2013年的短暂运营中，他们设法吸引了一些非常知名和受人尊敬的人加入董事会，包括风险投资家埃丝特·戴森（Esther Dyson）、前总统候选人纽特·金里奇（Newt Gingrich）、医学博士及美国国家航空航天局前飞行外科医生乔纳森·克拉克（Jonathan Clark）、"阿波罗12号"月球漫步者彼得·康拉德（Peter Conrad）的遗孀及著名太空历史学家兼作家安德鲁·柴金（Andrew Chaikin），以及美国国家航空航天局前科学主管艾伦·斯特恩（Alan Stern）博士。[15]

现在和不远的将来

和金钉公司一样，太空探索技术公司也将目光投向了月球。尽管埃隆·马斯克原来的时间表安排已经取消——他曾宣布在2018年将两名游客送入太空绕月飞行，但他的发射履历表明，他可以在21世纪20年代初让少数人实现月球旅游的梦想。

不过真正令人兴奋的消息是：许多普通富人很快就能进入太空。

2019年10月28日，理查德·布兰森敲响了纽约证券交易所的开盘钟，从商业角度上宣告太空旅游迎来了曙光。彼时维珍银河公司刚刚成为第一家在股票市场上市的商业太空飞行公司。冒险者们可以花250 000美元预订维珍银河公司的2.5小时亚轨道飞行之旅。布兰森敲响钟声时，已经有600多人交出了定金。布兰森的目标是到2023年时，每32小时就能将人送入太空。[16]布兰森预计公司将从2020年的亏损状态转变为2021年收支平衡的状态，并在2023年实现2.74亿美元的收益。[17]

布兰森投资了可重复使用运载火箭技术，该技术可用于实现他的太空旅游冒险事业。虽然2014年发生了灾难性的事故，但维珍银河公司所依赖的航天飞机设计和发射概念已被证明是可行的——在布兰森自信地敲响证券交易所的钟声之前，他们的研发时间已经超过15年了。

2004年在伯特·鲁坦的缩尺复合体公司凭借鲁坦设计（并试飞成功）的"太空船1号"获得安萨里X大奖后，布兰森看中了它的潜力。一架可以往返于常规跑道的航天器对他来说非常适合用于旅游。他资助了太空船公司并与缩尺复合体公司合作建造了"太空船2号"。不幸的是，在2013年首次成功试飞后，"太空船2号"在第二年的试飞中解体，坠毁在了莫哈韦沙漠。"太空船2号"的继任者"VSS联合号"（VSS Unity）自2018年底以来一直在成功进行试飞。

中国运载火箭技术研究院预计将在250 000美元的相对更低的价位上与其他机构/企业进行竞争。虽说当这家中国航天机构的项目开始运行时，维珍银河公司与其相比可能至少有5年的技术领先优势。中国运载火箭技术研究院的计划是进行一次亚轨道旅程，专注于太空观赏和失重体验，实现这一旅程所需的技术由中国航天科技集团公司开发。他们还会使用具有固定翼飞机外观的可重复使用运载火箭，但其项目预计要2028年才能投入运转。[18]

蓝色起源公司将游客送入太空的时间安排与维珍银河公司大致相同，但蓝色起源公司将采用更传统的垂直发射方式。但是蓝色起源公司的着陆方法明显并不传统，着陆也是垂直的。截至2019年年中，以宇航员小艾伦·谢泼德的名字命名的"新谢泼德"（New Shepard）火箭已经成功发射了10次，那时候它已经经历了13年的开发了。

鉴于"新谢泼德"有6面巨大的窗户，乘坐它将能看见令人惊叹的景色。它将能提供大约4分钟的失重，然后利用降落伞下的舱室返回地球，旅程就结束了。蓝色起源公司没有说成本是多少，也没有出售座位。

波音公司在业界是一个巨头，当它和美国国家航空航天局达成协议展开商业合作时，它就开始以一种领军的姿态向前迈进。波音的CST-100星际客船（Starliner）最初是作为乘员舱使用的，但它与美国国家航空航天局的协议允许星际客船搭载付费太空游客。

针对那些想要乘坐星际客船的游客，波音公司制作了一段引人入胜的视频：

欢迎登上人类的太空出租车，全新的星际客船。星际客船所有设计都尽可能地轻便。您的自主航天器拥有20个发动机和28个推进器，有足够的动力将空间站推到更高的轨道上并躲避快速飞行的太空残骸。本客船最多可搭载7名乘客，或搭载机组人员和货物，可往返国际空间站10次。星际客船是美国第一个将宇航员送回陆地而非海洋的太空舱。[19]

波音公司还为星际客船添加了一些人性化功能——这些功能正是支付巨额费用的太空游客所期望的："无线互联网和平板电脑技术"。[20]

近期计划的太空旅游也着眼于目的地而不是简单地进入太空。2019年9月12日，毕格罗宇航公司宣布已邀请美国国家航空航天局人员一起对名为B330的空间站进行为期两周的地面测试。尽管公告表明自主可拓展的独立空间站注定要前往火星，但它也被设想为轨道酒店综合体的一部分。毕格罗宇航公司进军太空酒店业务可以说是理所当然的，创始人罗伯特·毕格罗通过创立美国廉价套房（Budget Suites of America）连锁酒店起家。

B330-1和B330-2两个模块正在建造中，它们将连在一起组成太空酒店，并提供两倍于国际空间站的立方容量（B330名字由来即是其330立方米的容量）。[21]它们可以在近地轨道和地月间空间运行，还有可能添加其他模块以创建一个巨大的轨道站点。毕格罗没有对B330上的6张床定价，然而估计发射应该会花费数百万美元。

出现竞争意味着产品在市场上是有价值的。猎户座跨度公司（Orion Span）计划建造一个商业空间站，一次可容纳大约6名太空游客，和B330一样。[22]猎户座跨度公司是非常会下诱饵的：只当游客多无趣，来当志愿研究员吧。他们的旅游模式涉及与大学和研究组织的合作，游客会在他们的"极光空间站"（Aurora Station）上进行实验。进行科学研究的培训将是2022年左右开始的飞行前培训的一部分。

地球之外

我们回到太空后很快就会开始环月活动。首先，豪华观光飞船将进入月球轨道并返回地球，类似于金钉的方案。不久之后，我们将在月球上建造一家旅馆——也可能是一个带有娱乐设施的毕格罗可拓展居住设施。其中一种冒险娱乐方式是穿上宇航服探索月球表面，可能是步行也可能是乘月球车。绕月沙丘越野车比赛或阿波罗登陆点游览将被列入议程。在第9章中，我们会着眼于月球博物馆的真实前景。在最后一章中，我们将着眼于前往火星的常规运输以及其背后的特定技术，比如太空探索技术公司开发的技术。

合法化

美国于2004年颁布了一项法律，对太空旅游的相关权利和限制进行规定。欧盟也有管理商业太空运输的法律，其他国家随着太空旅游业的发展也制定了法律或指导方针。

为了举例说明政府是如何通过法律对这一新兴产业产生影响，让我们看看美国的所作所为。

针对即将成为现实的亚轨道飞行太空旅游，乔治·W.布什总统签署了美国国会通过的《2004年商业太空发射修正法案》（*Commercial Space Launch Amendments Act of 2004*）。该法案授权联邦航空管理局（Federal Aviation Administration，FAA）的一个分支机构——商业太空运输办公室向希望将乘客送入太空的私人宇宙飞船运营商颁发许可证。这意味着任何不属于机组成员的乘客（即太空游客）必须在升空前就被告知太空旅行的风险。乘客自行承担风险，正如跳伞者通过签署免责书认可任何从飞机上跳下来可能带来的风险都是可接受的一样。

该法律条款是暂时性的，到了2012年，它被美国联邦航空管理局发布的机组人员和乘客安全规定所取代。这8年宽限期（2004—2012年）旨在通过将行业纳入可靠的监管之下，来推进太空旅游的发展并促进新技术的开发和发展，最终目的是使太空旅游变得与海外航班一样普遍。随后出台的是标准规定，包括获得准入许可的太空飞行器（必须有保证参与者安全的功能）的安全规定。[23]任何载客进入太空的飞行器都需要有准入许可、购买保险并遵守安全规定。

第9章　移居月球

月球对我们而言是否只是前往火星的垫脚石呢？

火星协会创始人、备受推崇的航空航天工程师罗伯特·祖布林（Robert Zubrin）认为月球和火星都是我们的目的地。在他的《太空案例》（*The Case for Space*）一书中，他提供了一个详细的月球基地计划，他称火星为"我们的新世界"。[1]

在2012年7月12日的采访中，美国国家航空航天局局长吉姆·布里登斯廷（Jim Bridenstine）似乎淡化了月球在太空探索计划中的重要性："我们需要将目光放在地平线的目标上。目标不是月球而是火星。"[2]一周后，在椭圆形办公室举行的庆祝阿波罗登月计划成功50周年的仪式上，他回避了这个话题。针对唐纳德·特朗普总统反复提出的关于直接从地球前往火星的问题，布里登斯廷回应称月球是前往火星之前的试验场，因为"我们需要学习如何在另一个世界生活和工作。"[3]

即便我们从地球直接前往火星，在某些情况下，人类也可能会学会如何在月球上生活和工作。在这种情况下，科学教育家比尔·奈（Bill Nye）告诫说："我们应该讨论在月球表面定居而非殖民月球。"[4]比尔·奈因其登上电视为大家科普知识而广为人知。他是非营利组织行星协会的负责人，该协会由卡尔·萨根

（Carl Sagan）、布鲁斯·默里（Bruce Murray）和路易斯·弗里德曼（Louis Friedman）于1980年创立，三人都是航天界的教父，他们认为自己应当待在太空中。比尔·奈对定居点这个词的偏爱听起来像是为了政治正确而说的，然而它只是更合理而已。定居点更像社区，殖民地则更像远离文明的前哨。比尔·奈是希望我们将文明以及对人文社群的领悟带到月球定居点，而不是将这些人文因素抛诸脑后。

建立起来的月球定居点将涵盖不同却又相互依存的功能：月球和外层空间的科学调查和新的太空技术研究；开发月球资源；建设一个自给自足的月球基地，最终演变成一座月球城市。这些也是将月球发展为适宜人类长期居住甚至是安家之处的几个关键过程。

为什么要建造一座宜居月球基地？

正如吉姆·布里登斯廷在"阿波罗11号"登月50周年的庆典上所说的，月球是试验场。人类已经学会了在"外星"环境居住，比如地球上的北极圈，然而这些环境中包含可供人类呼吸的空气、有机物和人们生活所需的其他物质。

在月球上学习如何生活和工作是在为我们定居更远行星做好准备。已经有人提议建立一个宜居月球基地以实现三个不同的功能：

- 月球科学考察及其在研究问题中的应用；

- 为太空工业开发月球资源；

- 发展自给自足的月球定居点。

　　美国国家航空航天局首次规划月球基地时，提案中提到的三条只有第一条似乎是可能实现的。多年前，在可预见的未来，政府会资助所有科学研究而不期望在金钱或工业技术方面获得回报。当航天公司和大学开始在国际空间站进行由公司资助的实验时，科学研究的动态发生了变化。

　　上文提到的第二个活动功能会由私营企业与政府机构合作执行，并且能够反哺研究工作。无论是在创收方面，还是在提取和加工原材料以在月球表面建造和维护设备方面，这都是必要的步骤。

　　随着前两个功能得以实现，月球定居点的第三个功能从逻辑上来讲也能实现。与研究和资源运营相关的人们将利用他们的知识和原位利用的材料来补充他们从地球带来的任何东西。他们将使定居点扩展并独立于地球，定居点的人口基数也会不断扩大。

　　正如布里登斯廷所建议的一样，自给自足的月球定居基地也算是一个模拟人类在火星长期定居的模型。有了自给自足的月球基地，那么我们近期的成就将包括：

- 适应在另一个星球上生活的首次实践；

- 人类通过创新使用原生材料改变太空环境的能力的首次展现；

- 发展基础设施，利用太空自然资源使企业赢利；

- 示范大部分技术并可能获得一些必要的资源以支持人类随后的火星探索；

- 推进物理学和生命科学的发展，重塑我们对宇宙的看法并帮助我们了解太空环境。

在我们开始建造之前

地球上的模拟操作将为在月球上取得成功提供必要的科学和技术知识。

科罗拉多矿业学院的月球测试台看起来像一个充满灰色灰尘的沙箱，里面有一些粗糙的材料、岩石和一个陨石坑。地表上的轨迹说明了微型漫游车是如何试图穿越模拟的风化层的。实验表明，灰尘污染可能如何影响机械、制造潜在的机动性问题，以及影响在不同区域钻孔所需的各种因素。收集到的数据之后会影响月球导航和钻探系统的设计。

学生们会使用月球测试台，但公司也会来到科罗拉多矿业学院测试他们的设备。由科罗拉多矿业学院毕业生于2017年创立的月球前哨公司（Lunar Outpost）就是让学生实习或入职的公司之一。在其网站上，该公司有一段两分钟的视频，展示了月球前哨公司资源勘探者（月球车）是如何像科罗拉多矿业学院的微型月球车那样穿越测试台的不同表面的。该视频突出展示了该月球车的3D打印车轮、全轮驱动、自主导航、差速悬挂及360度光探测和测距功能，展示了该车是如何导航、测绘和调查月球地形的。

然后就是"资源勘探者"最重要的地下采样钻头首次亮相，之后月球车开始进行材料采样和分析。整台机器仅重22磅。

根据该计划，一大批这样的漫游车会投入使用以便收集足够的数据，最后确认特定区域的资源类型、位置以及深度等信息。它们能相互交流、汇总信息并"决定"下一步去哪里，最后扫描整块地区。

勘探的难点在于，月球表面可能在很大一片区域都是同质的，但是被小行星撞击并留下铁、镍和其他矿物残留物的地方又截然不同。由于没有侵蚀或湿气来使物质分散开来，这些物质会原封不动地留在撞击发生的地方。火山爆发也会形成玄武质平原，影响地表的均匀性。约翰内斯·开普勒（Johannes Kepler）在17世纪观察到了这些巨大黑暗区域，并称之为"大海"，因为他认为这些区域是海洋。相比之下，地球的地形缺乏同质性，因为水和风会造成侵蚀和运动。地球上的万事万物都受到自然力量的影响。

在科罗拉多矿业学院，测试挖掘系统是识别资源和钻探方法的工作的一部分。开发这些系统要面临的挑战就是月球风化层的不寻常特质。在地球上，有细小的灰尘——鹅卵石在水和风的作用下变成了小颗粒。在月球上，没有湿气或任何其他侵蚀源，这些小颗粒是被研磨成粉状的。它们的微观视图显示出（这些颗粒）锯齿状的边缘，这使它们非常具有磨蚀性。

科罗拉多矿业学院太空资源中心主任阿布德–马德里博士（Dr. Abbud–Madrid）解释道："如果它们进入你的肺，那你的肺立马就会被摧毁。同样，这些颗粒也会摧毁机器。"[5]

上面几厘米的风化层是蓬松的。在此之下，土壤变得非常稠密。每次月球被撞击或经历月球地震时，当尘埃落定并留在原地时，它们最终会被压缩。在撰写本书时（我们偶尔会重复这句话，因为每天都有新发现），我们仅探测到了月球表面以下不到2米深的地方。在1971年夏天，在"阿波罗15号"执行任务期间，宇航员大卫·斯科特（David Scott）带着首次亮相的月面钻机试图提取次表层核心。最表层的40厘米很容易钻开，但之后就进展困难了。钻到1.6米深时，钻头卡住了。最后斯科特将钻头拉了出来然后前往下一个地点钻孔。在第二个位置，斯科特只钻到了1米深的地方，所以最后钻探工作被终止了。

开发月球挖掘钻头的地面研究也包括复制出月球表面不同深度处强度不一的地块。最终结果将是开发出一系列与各种材料相匹配的钻头。

在月球建造建筑

正如我们在第1章和第7章中所描述的那样，月球岩石可以被压碎并与水泥浆混合形成用于建造月球建筑的混凝土。早期的月球居民可能依赖于在地球上设计和建造的居住设施，但随着时间的推移，月球居民可以使用3D打印机和月球混凝土建造一个社区。

除了矿物质，月球土壤也富含玻璃这种材料。在地球上，水会与构成玻璃的元素产生反应并削弱材料强度，月球上没有水而且是真空环境，所以月球玻璃的抗拉强度极高，可以与金属媲美。

通过加工，玻璃可以从月球土壤中分离出来，形成纤维、板、管和棒。玻璃纤维可用于应对拉伸应力，例如太空居住设施中的舱壁或太空建筑中的梁和柱。与金属（如铁）或混凝土混合后，玻璃纤维可用于建造月球建筑。建造隧道时，可以使用月球玻璃来密封空气。玻璃还能用来生产其他产品，例如卫星组件、光纤电缆和镜片。

月球玻璃的强度使其足以在月球和近地轨道上的各种太空工程中替代结构金属。这将提高我们对月球的经济利用，并通过在月球上制造它们（月球玻璃）来节省空间站和月球居住设施组件的发射成本，否则这些组件必须从地球发射到月球。这也将促进月球经济的增长，玻璃会成为除了氧气、风化层和混凝土之外的另一种出口商品。

除了氧、玻璃和氦-3外，月球土壤还富含以下主要矿物质，形式如下：

表9-1　月球土壤中的矿物质元素与化合物

元素	化合物
硅	SiO_2
钠	Na_2O
铁	FeO；Fe_2O_3
钾	K_2O
铝	$Al2O_3$
锰	MnO
镁	MgO
铬	Cr_2O_3
钛	TiO
钙	CaO

此外，还有大量可供人们使用的铁镍合金。如上可见，氧元素与所有这些矿物质形成了对应的氧化物。

刚开始时，这些材料可用于实验，测试产品开发的技术可行性。这些实验将由化学家、化学工程师和冶金学家完成。具体内容包括处理风化层，分离矿物质，然后将其处理——要么使用地球上的技术并使其适应月球环境，要么研发新的技术。

一种应用于月球矿物的新技术是粉末材料加工或烧结，就像陶瓷的处理方法一样。将粉末金属注入模具或通过模具，在快要变成预期要制造的物体时形成弱内聚结构。然后通过施加压力、高温、长时间沉降或使其形成化合物最终得到产品。

金属粉末处理具有以下优点：

● 易于制造合金；

● 能直接利用易分解或易碎裂的原材料制造产品；

● 比模具成型、挤压成型或锻造成型更灵活；

● 加工过程能利用太阳能；

● 烧结可以生产建筑用的月球砖和陶瓷制品，如超导体，对地球有很大的价值，特别是在传输和节约能源方面。

月球土壤除了有主要元素外，还有一些微量元素。这些微量元素可用于生产维持生命支持系统以及制造塑料所需的水、氧气、脂肪酸、维生素和糖。微量元素包括：氢（H）、氦（He）、硫（S）、氖（Ne）、磷（P）、氩（Ar）、碳（C）、氪（Kr）、氮（N）、氙（Xe）。

铂族金属是月球土壤中的另一组微量或残留元素。这些金属被认为在小行星和月球的地外采矿投资中特别有价值。它们包括：铂（Pt）、镓（Ga）、锇（Os）、锗（Ge）、铱（Ir）、铬（Cr）、钌（Ru）、锌（Zn）、金（Au）、钯（Pd）。

一个具有实验性质的工厂将是第一个加工月球矿物的工厂。最开始，工厂将制造小型组件，例如硅芯片和光伏电池。随着月球制造发展，可以建造大型制造工厂制造更大更复杂的产品。其中包括：

- 月球、空间站和火星居住设施；

- 推进系统；

- 燃料电池；

- 建筑材料；

- 太空船；

- 由陶瓷和合金制成的超导体；

- 防护材料；

- 地球太阳能卫星组件；

- 其他各式各样用于出口的陶瓷和金属产品，能为月球经济增添活力。

入住

在本书的前几章中，我们描述了在月球定居所需的一些基础设施要素，即居住设施和地面运输。熟悉美国国家航空航天局发起的月球轨道门户计划的人都可能已经发现了，资源勘探、在月球上建造的步伐在加快，所以月球门户计划的吸引力也在大幅度降低。

我们更认可的是类似于罗伯特·祖布林在《太空案例》一书中所提出的月球基地计划。与月球门户计划提案相比，月球基地可能成本效益更好，开发月球所带来的收入驱动力更强并且能让人类在月球定居。与此同时，这也不妨碍前往火星的计划，甚至可能先建立月球基地效率更高，政府承担的成本也更低。

祖布林所设想的没有门户计划的场景中，人类最开始会在月球表面的临时住所待几个月并利用机器人技术来开采和加工资源，主要是用水和冰来制造推进剂并充当燃料电池的能源。这是降低后续任务成本的一步，因为航天器的推进剂可在现场获得。另外，这样一个过程还会提供其他资源，这些资源会成为月球基地的组成部分。

宇航员乘坐太空探索技术公司的龙飞船等商业运载火箭到达月球，这些运载火箭会携带登月舱和其他载荷。他们会在回程的第一阶段乘坐登月舱再次与龙飞船会合然后返回地球。

每完成一次任务，下次任务的持续时间都将得到延长，直到基地逐步完成建设。地面上的探索任务也将有助于前哨站的建立。

该基地将首先让货运着陆器运送空间站衍生设施供居住使用。电力可能来源于美国国家航空航天局开发的小型核反应堆

"千能"（Kilopower），这个反应堆的设计理念是能在进行远距离运输后在长达10年时间内提供10千瓦的电力。[6]美国国家航空航天局于2018年3月成功完成了斯特林技术"千能"反应堆（Kilopower Reactor Using Stirling Technology，KRUSTY）的测试。美国国家航空航天局的"运动员"等机器人可以将设施从货物着陆器上卸下然后将其组装为基地。

这个场景展现了使用现有的、经过测试的美国国家航空航天局技术再结合商业开发的航天器和系统在月球表面操作的场景。这样还能利用原生材料来进行建造、探索和维修工作。

我们可以选择用大约2米厚的月球土壤来覆盖居住设施以屏蔽太阳和宇宙辐射，尤其是太阳耀斑。我们也可以将水用作屏蔽材料。也许每6个人居住的独立设施中就能拥有提供氧气、能源等日常生活必需品的设备。毕格罗B330就是专门用来让6人进行旅游体验或是让4人进行长期太空探险的，因此这种充气或可拓展的居住设施可以成为第一个定居点的基石。

接下来是农业设施的发展。这将是第一个长期生命支持系统，涉及空气、水的再生和食物的生产。氢是未来几年必须进口的主要元素之一，因为月球上缺乏氢元素。月球土壤中确实存在氢，但与氦-3一样，它源自太阳风。

最终，该基地将成为一个自给自足的设施，拥有长期生命支持系统、农业研究和生产系统、资源开采和加工设施、发电站，以及一个关于人类功能和关系的经验知识库。社会学家和心理学家会说："在月球和更远的地方有一个适合你的地方。"

开发一个自给自足的月球基地可能需要几十年的时间。与此同时，月球基地将有助于人类通往火星，以及提升人类在地外环境中的生活和工作体验。

前往月球工作

先说表面上看来和月球完全不搭的工作。

两个截然不同的21世纪早期月球职业吸引了人们的注意力。第一个听起来像是大学兼职教授的老式低薪工作：历史保护员。第二个需要具备丰富的地质学知识以及高级微生物学知识：太空生物矿工。在认真研究这两种工作后，我们再探讨月球是如何让个人有更多谋生方式，又是如何为公司带来财务成功的。

旧瓶装新酒

尽管美国以外的国家可能不像美国那样关心月球上的"遗产型景区"，但阿波罗宇航员着陆的6个遗址对一些美国人来说是"圣地"。

白宫科技政策办公室在2018年发布了一份名为《保护和保存阿波罗计划登月地点和文物》（*Protecting and Preserving Apollo Program Lunar Landing Sites and Artifacts*）的报告。除了其他主题以外，该报告提出了确保原始足迹和月球车轨迹不受破坏的法律蓝本。

伦纳德·戴维（Leonard David）在他的书《登月狂潮》（*Moon Rush*）中提供了比国内法或国际法更简单明了的解答：

在未来的某个时候，重回登月遗址，或是将整个遗址里留下的设备搬回地球可能具有科学和工程价值。执行这些计划时需要考虑到历史学家、考古学家和其他人对这些地点的文化和历史性质的关注。可以说，最好的解决方案可能是在月球上建一座博物馆。游客可以目睹人类对邻近世界的探索是如何开始的。第一步是保护现在的阿波罗站点，为未来留下机会。[7]

如果戴维的愿景成真，在一两年内（如果我们按照学术界的惯例以有节制的速度推进的话），我们将在月球上看到档案员、保护员、策展人、讲解员、展览设计师和历史学家等职位需要人手。当然，每个大型博物馆都需要优秀的管理人员、安保人员和管理礼品店的人员。

月球博物馆已经以一种独特的数字形式存在了。据说，1969年11月，一块微型陶瓷晶片（1.9厘米×1.3厘米）在被秘密连接到"阿波罗12号"登月舱"无畏"（Intrepid）后，被植入到了月球表面。得益于贝尔实验室的蚀刻技术，这块晶片上有约翰·张伯伦（John Chamberlain）、福里斯特·迈尔斯（Forrest Myers）、大卫·诺罗斯（David Novros）、克拉斯·奥尔登堡（Claes Oldenburg）、罗伯特·劳森伯格（Robert Rauschenberg）和安迪·沃霍尔（Andy Warhol）的艺术作品。理论上来说，晶片还在知海（Mare Cognitum）里等待重见天日的那一天。

饥饿的细菌

太空生物矿业使用细菌从风化层中提取资源，风化层定义为覆盖坚固岩石的松散、异质材料。我们可以称之为月球尘埃或火星尘埃。

铁听起来可能没有铂金或黄金那么珍贵，但它对维持地球上的生命至关重要，它有不同的形式，一种常见，另一种罕见。一种叫作排电细菌（Exoelectrogenic Bacteria）的细菌喜欢吃铁。然后它们的排泄物中有我们所需形式的铁，可以很容易地与其他材料分离。这是一种共生关系：给细菌一些它们想要的东西，即三价铁（赤铁矿，很常见），它们会排出二价铁（氧化亚铁，很罕见）。这些能够加工金属的神奇生物是谁？它们是具有将电子转移到细胞外的能力的微生物。

主要工作由排电细菌承担的同时，人类也有工作。完成这项工作需要同时具备地质学和微生物学专业知识。这听起来像是一种新混合学科太空工作，但实际上不是。奇亚博士估计，我们今天在地球上使用的5%到15%的金和铜就是来自生物矿业。[8]

月球上的真金白银

当要生产最终产品时，每次实验复杂程度都会升级，实验工作也必须在相关环境中完成。当相关环境是月球时，公司及其大学和美国国家航空航天局合作伙伴都将非常希望在月球上进行研发。这与美国以外的国家（地区）主导决策的流程相似（可能不完全相同）。我们可以看看美国国防部开发的技术进度表来帮助我们理解这一流程，该表描述了产品的技术准备水平（Technology Readiness Level，TRL）。[9]技术准备水平是一个衡量技术成熟度的系统，等级分为1～9。当一项技术到达9级时，意味着它已准备好面向市场。

1.观察并汇报基础原理。
最低等级的技术准备水平。科学研究开始转化为应用研究和开发。例如对技术基本属性的论文研究。
2.技术概念或应用制定。
发明开始。观察到基础原理后就可以发明实际应用。应用是推测性的，可能没有证据或详细分析来支持这些假设出的应用。例如仅限于分析的研究。
3.分析和实验关键功能或概念的特征证明。
启动了积极的研究和开发。这包括分析研究和实验研究，以实际验证技术的单独元素的分析预测。例如尚未集成或具有代表性的组件。

4.实验室环境中的组件或试验板验证。

集成基本技术组件以确保它们可以协同工作。与最终系统相比，保真度相对较低。例如实验室中"临时"集成硬件。

5.相关环境中的组件或试验板验证。

试验板的保真度显著提高。基本技术组件与合理逼真的支持元素集成在一起，因此可以在模拟环境中进行测试。

6.相关环境中的系统/子系统模型或原型演示。

在相关环境中对具有代表性的模型或原型系统进行测试，远远超出第5级技术准备水平的范围，代表技术在准备水平上已证明取得了重大进步。

7.操作环境中的系统原型演示。

原型能在操作环境或与之接近的环境中测试。代表了在第5级技术准备水平上取得了重大进步，需要在操作环境（如飞行器、载具或太空）中演示实际的系统原型。

8.实际系统完成并通过测试和演示。

技术已被证明在其最终形式和预期条件下起效。几乎在所有情况下，本级水平代表真正系统开发的结束。例如在其预期武器系统中对系统进行开发测试和评估，以确定它是否符合设计规范。

9.通过成功的任务操作来证明的实际系统。

技术在最终形式和任务条件下的实际应用，例如在运行测试和评估中遇到的情况。例如在操作环境下使用该系统。

图9-1　美国国防部开发的技术发展进度清单

　　如果我们想提升一项注定要在太空中使用的技术准备水平，我们需要能够继续在地球以外的地方进行测试：首先在空间站上评估在微重力环境下可能会出现的相关情况，然后在月球表面有一定重力的操作环境下进行测试。我们要的是在月球上或月球外能正常运作的产品。对于某些产品和流程而言，地球上能提供的条件有限。之后，产品必须在地外环境（即实际任务的操作环境）中进行测试和调整，以达到较高的技术准备水平。

我们估计产品部署前的技术准备水平中的各个阶段仍将是评估月球和其他太空环境产品的有效标准，美国国家航空航天局制作了一本手册，叫作《微重力环境下的材料科学和生命科学商业机会：硅谷视角》（*Microgravity-Based Commercial Opportunities for Material Sciences and Life Sciences:A Silicon Valley Perspective*）。与美国国家航空航天局艾姆斯研究中心相关的作者撰写了一本书，该书专注于描写9个阶段中的前4个，讲述了这4个阶段是如何成为评估"未来10年微重力在提升公共利益和促进经济增长方面所具有的潜力"的指南的。[10]这本书于2014年5月出版，所以在其视角内那些满足渐进式评估标准的项目将在21世纪20年代进入第5～9级的水平和阶段。换句话说，这些项目将被送往太空并最终留在太空中使用，或者是被送回地球以改善其状态和工艺。

作者将前4个标准总结如下，并记录了一些为整个技术准备水平评估和提升流程注入乐观情绪的结论。

1.有潜力。"来自太空的产品具有明显更优越的技术性能。"[11]

2.可信度。先前的调查取得了成功，但要吸引商业投资必须先进行更多的工作。

3.（相关资料）可获得性。太空被认为是存在高风险的，因此商业研究人员往往避免在微重力环境下进行调查。公司和大学研究人员需要一个可搜索的、动态更新的专注于微重力环境下的商业运作的数据库。

4.利益驱动。"为微重力驱动的探索寻找实现产业化的特定要点是关键。"[12]

在试着吸引公司规划月球和空间站研发时，艾姆斯团队将市场上流行的技术准备水平等级较高的产品作为示例，包括：

● 用途广泛的金属玻璃，能用于制造高尔夫球杆、手术工具和苹果手机使用的SIM卡弹出工具；

● 用于制造低噪声场效应晶体管和模拟开关集成电路上的半导体晶体；

● 用于复杂界面配置的建模和婴儿艾滋病病毒的新型快速诊断过程的毛细血管血液流动检测生成软件。

那些在2020年之前已经上市的先进产品和工艺说明在月球上赚钱机会是真实而直接的。

身体健全：太空的全新意义

微重力或零重力环境不仅有利于与产品相关的研发，它们还为非常适合这些环境的人们提供工作机会。阿雷科技公司（Aretech）的研究发表在了《神经工程与康复》（*Neuro Engineering and Rehabilitation*）杂志上，研究记录了一个双腿完全瘫痪的人在零重力环境中恢复活动能力的案例。[13]

阿雷科技公司的系统检测到来自该人大脑的信号，然后将这些信号发送到他膝盖上的电极以产生运动。

考虑到目前有这样的研究，可以想象一下鲍勃在月球上工作的故事。

鲍勃在大学橄榄球比赛中脊椎骨折导致截瘫。彼时的医疗技术已经有了长足的进步，但还没有达到完全修复脊椎损伤的水平。

这次事故并没有阻止他对运动的热爱，也没有让他远离舞池，但是他的轮椅埋葬了他的爱好！

即使拥有强大的精神和对生活的渴望，鲍勃在临近毕业时也面临着巨大的挫折。他学习的是土木工程专业，他期望在满是桥梁和建筑物的建筑工地上度过余生。他的两个最亲密的高中伙伴想要过同样的生活，而且他们的梦想即将实现，但鲍勃无法圆梦。

在地月空间，一家金属加工厂刚刚开业，这个工厂将从小行星和月球开采的资源在接近零重力的情况下将其混合形成新合金，使它们比在地球重力中形成的合金更坚固。地球所需要的正是超导体、硬切削工具和更能抵抗太空极端温度的硬质金属，其他太空制造商也有很大的需求。然而，他们需要工人和年轻的专家花费数年时间来建造工厂，这也会涉及一些艰苦的工作。他们将不得不在接近零重力的环境中进行工作。

领班让·克劳迪亚在一次高管会议上发表了声明："我不希望工人来这里工作两年后就离开了，然后每两三年我们就不得不浪费时间和金钱来培训新员工。大家知道，这些大学生在去象牙塔之前就想要在太空中'体验'工作和生活。我需要愿意在这里度过职业生涯的敬业员工，这样我们才能抓住市场。"

一位工作人员回答说："要知道，这是一个零重力环境，人们已经习惯了地球重力。"

克劳迪亚回复说："所以呢？……"

"大家不会为你消耗自己的身体的。"

"你是知道的，我们这里不会有提供地球重力的设施。但你自己似乎就干得不错呀！"

"那是因为我在地球上是残疾人。我在零重力环境下才能移动。在这里，我的整个身体都可以活动。你为什么不多招募一些像我这样的人呢？他们可以在这里度过余生，从事建设项目、研究，以及别的什么工作。"

"他们可以穿上宇航服搬运重物。在地球上只能坐轮椅的人在这里却能干粗活。"

鲍勃看见了一则广告：

你被困在轮椅上了吗？加入我们吧！

在外太空动用你的整个身体。

过一种富有成效的生活，

一种大胆的生活，

一种多数人梦寐以求的生活。

王牌金属为您提供合适的工作！

鲍勃申请了，后来他被叫去明尼苏达州明尼阿波利斯市参与工作面试。他到达时看见了许多申请者，有坐在轮椅上的，有戴着支架的，他们排着队想要去太空工作。

他们也做到了。

地球轨道和月球之间的许多其他太空工厂也开始流行起来。从事金属行业、化工行业的人，还有建筑工人和卫星修理工，来自世界各国的许多坐轮椅的人涌向这些行业和岗位。他们愿意在太空中度过几十年的余生。

第10章　定居火星

早在我们定居火星之前，我们就必须做好与月球社区规划大不相同的准备工作。虽然我们之前对于太空和地面交通以及居住设施建设相关的规划也还适用于火星探索，但火星上也存在独特而复杂的与人类健康和福祉相关的挑战。

月球上的人距离地球238 900英里，而火星上的人距离地球3 480万英里到2.5亿英里。地球离火星距离较短的时机大概大约每2年零2个月才有一次，而这正是将航天器发射到火星的窗口时间。

距离因素成为在火星定居的挑战中的主要因素。因此，虽然这颗红色星球的一些特征在宜居方面很吸引人，但其大部分特征并非如此。火星与地球的距离导致我们很难维持定期补给，进而难以满足我们的生存和安全需求，例如食物和医疗保健。

为什么选择登上火星？为什么人类要登上去？

不同的人带着不同的理想或科学依据回答这个问题。回顾引言可知，最好的"强心针"是让人们登上火星以便让我们振作起来。成就本身——就像尼尔·阿姆斯特朗踏上月球一样，能激发我们解决问题和取得伟大成就的能力的好奇心、创新力和信心。

前往火星的科学原因同样也为许多人提供巨大的激励。乔

尔·莱文（Joel Levine）博士参与了6次成功的火星任务，并且在
美国国家航空航天局工作了41年，他列举了将人类送上火星的两
个主要科学原因：

1.确定火星过去或现在是否有生命；

2.了解为什么火星会经历灾难性的气候变化。

如果我们今天在火星上发现生命，并且如果我们能证明它是
本土生命——在火星上形成的生命，我们将在对生命的生物化学
和分子结构的理解方面取得巨大进步，这将提供关于人体以及如
何治疗那些我们甚至从不了解的疾病的信息。[1]

而第二点则可以告诉我们，地球的命运最终是否会与火星的
命运相同。火星上的发现表明它在早期历史上是一个与现在截然
不同的地方。

它在46亿年前与地球同时形成，当时的它也有着今天地球所
拥有的特征——有厚厚的大气层、湖泊和河流。它还有至少1英里
深的巨大海洋，覆盖了火星北半球的大部分地区。几十年来，火
星的特征已经由火星表面的漫游车和欧洲航天局"火星快车"卫
星等设备收集来的高清图像证实。今天，火星上有冰坑，但没有
探测到地表水。它被非常稀薄的大气层包围。不知何故，它变成
了一个荒凉的地方。

来自（地球）北极、南极和冰川的冰芯生动讲述了一个关于地球气候变化的故事。我们需要对来自火星的冰芯进行同样的分析，以了解它的变化情况。莱文解释说，冰芯中的气泡包含了显示出变化过程的基本要素："在这些冰芯中有气泡，气泡中包含被困住的大气——这些大气不是（来自）今天的，而是在数百万年前冰层形成时的大气。"[2]从1 000英尺深处取出的冰芯可能包含探索火星气候历史的关键信息。莱文非常清楚像寻找生命迹象和从理想位置提取冰芯之类的任务对于机器人来说太复杂了。由于一些错综复杂的原因，人类必须参与这些调查。首先，对于机器人准备执行的任务，我们仍然需要预先编程。我们的人工智能还不够聪明，无法识别异常情况的重要性并进行进一步调查。其次，处在21世纪20年代发展阶段的机器人不具备人类的聪明才智或身体敏捷性。

莱文还指出"速度和效率"作为人类区分于机器人的特质，这可能会让一些人感到惊讶。为了支持自己的观点，他表示，一名著名的火星科学家告诉他，他可以在2个小时内完成漫游车6个月才能完成的任务。这是一个智力敏捷性的问题。人类研究人员可以观察、推断、分析、建立联系，然后跳回观察和分析阶段，同时在学习时重新调整他们的调查标准。

"为什么人类要登上火星？"这一问题的回答在这样的背景下似乎很清晰了，但关于另一个问题"为什么人类应该在火星上定居"，我们会断言说没有"应该"，只是我们希望如此罢了。

到达那里

我们不会信口开河，但我们的确知道如何前往火星。我们拥有技术，虽然说关于哪种技术最适合这项工作仍然存在一些争议。如果火星一号公司（Mars One）的首席执行官巴斯·兰斯多普（Bas Lansdorp）是正确的，那么前往火星并不是重大技术问题；真正的难点在于返回地球。[3]在研究他所期望的火星单程旅行之前，我们先来考虑更传统的方法。

2016年9月，在瓜达拉哈拉举行的太空探索会议上，埃隆·马斯克首次播放了一段视频，该视频宣传了太空探索技术公司的星际运输系统的概念。该视频并没有带来科幻小说般的感觉，而是呈现了一个令人信服的场景。科学作家丽贝卡·博伊尔（Rebecca Boyle）在观看并听取了马斯克关于星际运输系统的演讲后写道："即便科技公司的产品发布会一般都非常宏大，埃隆·马斯克的'火星殖民'计划也还是让人耳目一新。"[4]

视频显示，一排人从发射井顶部走过一座桥，到达准备垂直发射的航天器。运载火箭的机头似乎是格子窗。文字说明发射地点为39A发射平台，即佛罗里达州卡纳维拉尔角的"阿波罗11号"发射台。在火箭分离后，航天器向停驻轨道飞行，助推器则返回地球整齐地降落在发射时所用的发射架上。发射井松开了一个机械臂，机械臂将一根链条放了下来，这根链条连接着一个推进剂储藏罐，机械臂旋转着将燃料罐装载到助推器上。

接着，视频展示了航天器在轨道上补充燃料，然后储料罐返回地球，航天器则飞向火星。航天器在星际间飞行时的速度为100 800千米/小时。然后太阳能电池阵列展开，为整个旅途提供能源。随着火星出现，航天器准备进入火星，温度达到了1 700℃。起落架被部署，舱门打开，露出了有点贫瘠却令人惊叹的地貌景观，然后火星开始旋转变形，变得看起来更像地球。火星在几秒内被进行了地貌改造。

马斯克的星际运输系统是非常鼓舞人心的，但好像并不是完全可行，他也意识到了这一点并着手完善计划。到2019年10月，他推出了星际运输系统的继任者——"星舰"（Starship），之前有很短暂的时间被称为"大猎鹰"火箭。不幸的是，它在之后一个月的压力测试中爆炸了。尽管如此，马斯克确实希望在21世纪20年代中期到达火星。

美国国家航空航天局也想前往火星，但他们的时间计划与太空探索技术公司不同。美国国家航空航天局计划在21世纪30年代初之前将一艘载人飞船送入低火星轨道，并在之后某个时间降落在火星上。

尽管美国国家航空航天局与马斯克的太空探索技术公司在时间表上存在差异，但波音公司的首席执行官丹尼斯·米伦伯格

（Dennis Muilenburg）驳斥了马斯克关于太空探索技术公司将"带路"的说法。波音公司是美国国家航空航天局太空发射系统第一阶段深空任务的主要承包商，米伦伯格向美国全国广播公司消费频道（CNBC）的吉姆·克莱默（Jim Cramer）坚称"第一个踏上火星的人乘坐的将是波音火箭。"[5]

在美国国家航空航天局前往火星时还有其他主要承包商发挥了关键作用，而在这些承包商中，洛克希德·马丁公司已加班加点，为首次载人任务建立了"大本营"（Base Camp）。"大本营"是由美国国家航空航天局"猎户座"深空乘员舱、航天发射系统、乘员居住设施和太阳能电力推进系统组成的系统。洛克希德·马丁公司在"大本营"的每个生命支持、能源生产和通信组件中都设立了冗余储备。这将使人们完成持续千日的任务，包括部署漫游车和无人机以调查地表并收集样本；探索火星的卫星——火卫一和火卫二；并为人类首次登陆进行选址。该公司还计划成为登陆火星载人任务的核心参与者，并正在开发使用"猎户座"航空电子设备和系统的火星着陆器。

最后，对于那些想离开家园、终身冒险的人来说，"火星一号"也许能帮到他们。荷兰企业家巴斯·兰斯多普在1997年看到名为"索杰纳"（Sojourner）的火星探路者号探测器的照片后就想前往火星。当时他20岁，在他创立一家成功的电力公司并将股份出售后，他把全部注意力放在了火星上，并资助了火星一号公司。起初，兰斯多普希望公司能够赢利，但当他宣布火星殖民地计划后，志愿者的支持和捐款涌入了公司。兰斯多普回应称要将"火星一号"变成一个非营利性组织。

他最初安排的时间表包括在2016年派出火星探测车执行侦察任务，然后执行补给运送任务，在2023年之前将人们送上火星。之后这个计划被一再推迟到了2031年。每隔几年，也就是地球和火星距离最近时，"火星一号"会用运载物资的运输火箭将人们运送到火星表面并留在那里。

兰斯多普并没有开发自己技术的计划，他估计将前4个人送上火星至少需要60亿美元，之后的每组4个人需要花费40亿美元。这价格挺起来非常高昂，但是"火星一号"的创始人不止一次证明了自己是一位精明的企业家。在一次"TED代尔夫特理工大学演讲"（TedxDelft）中，他向观众解释说：

伦敦奥运会仅通过电视转播权和赞助费就获得了30亿到40亿美元的收入。这只是3个星期的转播费。

"火星一号"是一个非营利性组织，但我们仍然需要为这项任务提供资金……我们希望全世界的观众能观看节目，间接地为这项任务提供资金。[6]

该节目的第一集将介绍第一次任务的人员选择过程。候选人将在地球上建立的火星前哨模拟环境中为完成任务进行训练。预计数十亿人将观看"竞争"的时刻。当候选人进入模拟环境时，镜头也会捕捉到他们的反应和行为。

兰斯多普认为，他的计划不仅能为企业获得融资，还能让全世界的人都参与到火星定居点的建立这一更有意义的任务中。

人的因素

地球上的条件和实际情况使我们不适合前往火星旅行并在这颗荒凉遥远的星球上定居。首先，我们就像温室里的花朵，有大气层保护着我们，隔绝有害辐射。其次，当我们身体状态不佳时，我们会去找医生进行检查。

在去火星的路上以及在火星上，这些我们认为理所当然的东西并不存在。在火星定居意味着要想出各种办法来保障我们的生命安全和健康。

辐射防护

比利时核研究中心的物理学家测量到，国际空间站的宇航员将暴露在比地球高100倍到150倍的辐射之下。[7]辐射对人类健康有影响，但该中心发现并非每个人都会受到相同程度的影响。显然每个人体内细胞修复受辐射损伤的DNA的能力不同。有些人就单纯只是对辐射的耐受性更高，其健康并不会受到国际空间站驻留经历的影响。

该中心的辐射部门由莎拉·巴特奥（Sarah Baatout）博士领导，评估电离辐射对健康的潜在风险。她的团队还研究了防止辐射有害影响的方法。巴特奥和该领域的同事对人们在地球、国际空间站、月球和火星上受到的辐射的差异进行了计算：[8]

● 在地球上受到的辐射是基准线，在大气层的保护下，我们只会受到0.1%的宇宙辐射；

● 在国际空间站上受到的辐射大约是地球上的100倍到150倍；

● 在月球上受到的辐射大约是地球上的300倍到400倍；

● 在火星之旅期间的部分时段，受到的辐射大约是地球上的1 000倍；

● 根据火星探测器"奥德赛"（Odyssey）收集到的数据，人们在火星表面受到的辐射量大概是国际空间站上的2.5倍。[9]

换句话说，人们在旅途中受到的辐射最大（而不是在火星上）。当今已知的辐射屏蔽材料都比较重，用屏蔽材料覆盖航天器是不切实际的，所以只能采用重点防护的概念，但这也并不能解决所有问题。

巴特奥表示，在将载人飞船发射到火星的过程中有三种辐射，一种相对无关紧要，一种可以预测，还有一种我们应该密切关注，这三种辐射如下。

- 太阳风。这是航天飞行器外壳就能阻止的持续低能粒子流。
- 太阳粒子事件。这是含有高能粒子的风暴。间歇性辐射通量可能是致命的，但这类事件可以在几分钟甚至几小时内预测。在提前得到通知的情况下，前往火星的乘客可以前往航天器中有重点防护的部分。此外，还有一些方法可以加强个人保护和人体对电离辐射影响的抵抗力。
- 宇宙射线。虽然美国国家航空航天局对此有一些想法，但按照巴特奥的说法，我们还没有完全有效的屏蔽方法来阻止宇宙射线伤害我们。

美国国家航空航天局就宇宙射线以及在将人员运送到火星期间如何应对宇宙射线发表了一份官方声明：

宇宙射线（是）从其他恒星甚至其他星系射入我们的太阳系并加速到接近光速的粒子。像太阳粒子一样，银河系的宇宙射线主要是质子。然而，其中一些是较重的元素，从氦到最重的元素都有。这些能量更高的粒子可以将它们撞击到的材料中的原子击碎，例如在宇航员、航天器、居住设施或车辆的金属壁上的原子，导致亚原子粒子冲入其物质结构中。众所周知，这种二次辐射非常危险。

有两种方法可以屏蔽这些高能粒子及其二次辐射：使用质量更大的传统航天器材料，或使用更有效的屏蔽材料。[10]

因此，美国国家航空航天局、承包商和其他政府航天机构的合作伙伴正在研究屏蔽材料以阻挡宇宙射线。2018年，他们还得到了北卡罗来纳州达勒姆县一些高中生的大力帮助。

学生们推测，由食用放射性物质的霉菌制成的防护罩可以有效保护太空旅行者。在得知球孢枝孢菌在1986年切尔诺贝利核灾难现场繁衍生息后，他们发展出了自己的理论。在2019年高中毕业后进入北卡罗来纳州科学与数学学院的格雷厄姆·顺客（Graham Shunk）的带领下，学生们在2018年12月得到了肯塔基州的太空探戈公司（见第6章）的帮助，将霉菌样品送到了国际空间站。

最后，一个自动化微型卫星实验室被用于研究利用霉菌生长来创造辐射屏障的可能性。"高轨道"（The Higher Orbits）学生团队假设随着辐射的增加，真菌将在太空飞行环境中茁壮成长，并且由于真菌通过辐射合成获取食物，可能产生出辐射屏障。辐射合成类似于光合作用，不同之处在于生物体将辐射转化为化学能，而不是将阳光转化为化学能。

太空探戈公司的微型卫星实验室工程师、生物系统和实验室经理安德鲁·迪德尔（Andrew Diddle）与学生团队一起设计建造了微型卫星实验室。当霉菌到达国际空间站时，宇航员将其放入培养皿中，每个培养皿都是半空状态。之后30天内，每隔110秒就用盖革计数器测量培养皿下方的辐射水平。结果是学生们成功了：计数器测量到培养皿霉菌覆盖部分下方的平均辐射水平下降了2.4%。

在其他研究人员的支持下，顺客做出论断："如果霉菌厚约21厘米，那就能为人类提供足够的辐射保护。"[11]

她已经从关于国际空间站宇航员的研究中了解到某些人似乎对辐射有很高的耐受性，她认为这种知识可能会影响宇航员的选择，但也可能致使打算前往火星的人进行基因改造。

她指出，有"20种美妙的生物标志物"[12]可能会保护人类免受电离辐射的伤害。遵循这一前提，我们就能进入到下一个层次，我们可能会推测哪些人在基因上（不管是天生的还是经过人工调整的）能够抵御辐射伤害，这些人最适合前往火星定居。

另一种解决方案可能是能提高身体对辐射的抵抗力的药理学化合物。微生物学家、医生、有机化学家、药理学家，许多不同领域的专业人士都在寻找实现这一目标的方法。

然后是冬眠。该中心的研究人员确定，冬眠的动物由于长时间睡眠而新陈代谢减慢，因此具有更高的辐射耐受性。研究熊的生物学家将在我们的太空探索计划中发挥作用。

结论是，至少让一些前往火星的人长时间睡眠，给他们一种药物来增强他们对辐射的抵抗力，必要时对他们进行基因改造，并在航天器上设置极好的屏蔽装置。在这个问题的处理上不必求简。这些方案都能缓解我们把人类送上火星过程中所需要认真解决的问题。

精准医学

"远程医疗之父"杰伊·桑德斯于1998年开始与美国国家航空航天局合作应对与火星探索相关的医疗挑战。他将维持和恢复火星旅行者健康所需的护理类型称为"精准医疗"。从根本上说，这意味着将每个人视为独特的存在，而不是同质人群中的一员。

从表面上看，这个概念不会有任何争议，非常合理。但是这在地球上的医疗保健中并不常见。例如，正常血压被标准化为120/80或更低。这些数字指的是血液对动脉壁的作用力，而心脏将血液泵送到身体的力（收缩压）超过血液对动脉壁的作用力，心脏放松并重新充满血液（舒张压）。如果一个人的个人正常值为90/60，那么120/80的读数就很高，它标志着一种异常状态。按常规标准被认定为身体"好"的人实际上可能患有高血压。

所有与宇航员相关的医学测试都采用了基准数字，因此目前精准医学的实践程度相当有限。桑德斯提出了更进一步的愿景，以提高测试结果的预测质量。精准医学需要遗传学知识。然而这门学科需要与基因组成相关的知识。基因功能会受环境因素影响，因此需要分析这些影响是如何发生的，又是如何影响后代基因表达模式的变化的，此时需要的专业知识是表观遗传学。暴露于重力变化、辐射和其他与太空旅行相关的生理压力之下的人可能（不夸张地讲）不会是离开地球时的那个人。

在这种针对火星旅行者的精准医疗实践中，必须有效地跟踪其在太空旅行中身体发生的变化，以确定心血管、免疫或任何其他身体系统问题是否正在发展。这也牵出了两个问题：该如何进行追踪？数据可用后，又该由谁来采取必要的手段来解决紧急医疗问题？

关于"如何追踪"，桑德斯提出了几种方法："使用小于7微米的纳米传感器，跟红细胞一样大。它们会和红细胞一起在体内循环并进行人工检测。"[13]

另一种可行方法是获取并分析组织液，即身体细胞周围的液体。组织液的功能是为细胞提供氧气和营养，并从中去除废物。为什么它在诊断中很有价值呢？一个简单的解释是它可以反映出DNA的情况。桑德斯认为使用微针是一种抽取组织液的方式，虽然这是一种众所周知的微创方法，但它也有批评者。然而在2019年10月，一个利用组织液研究与EB病毒（Epstein–Barr Virus）相关的DNA的中国团队发表了他们的研究成果，他们靠自己开发的水凝胶微针贴片取得了这项成果。就结果的速度和准确性而言，用微针提取体液似乎非常有前途。[14]

有了可用的诊断数据，飞船上的医生就可以介入了。但正如我们在第2章中所说的一样，历史告诉我们，偏远地区的医疗实践面临着独特的挑战。在大航海时代早期，船医通常只受过很少的培训，并且他们也没有资格进行医疗处理。在现代战场上，熟练的麻醉师可能在现场，但人们真正需要的是内科医生；唯一可行的方法是通过远程医疗系统在专家的指导下提供合适的护理服务。

远程医疗在前往火星的途中或人们到达火星后就不是一个可行的选择了。信号延迟意味着当问题出现并将情况传达给地球上或空间站上的医生时，15分钟或20分钟已经过去了。反应的时间也会同等程度地滞后。如果问题很严重，患者可能会死亡。

理想状况下，太空飞船上的医生是一个配备人工智能的自主手术机器人，由受过一些医学训练的人类协助。由传感器和微针收集的情况和诊断信息输入机器人医生的数据库并随时保持更新。毫无疑问，这些数据会传达给地球上的火星医疗团队，但机器人医生会紧急采取任何必要的行动。在危急时刻，信号延迟使得认为可以从地球上操纵机械臂来执行操作的想法变得荒谬。

安排一个或两个这样的机器人——在太空中，冗余设计十分重要，能够增强人类的能力，还能让人们对结果有一定预测能力从而获得安心感。

桑德斯将火星旅行视为地球上每个人的机会："我认为在我们获得前往火星能力的同时，我们也获得了解决地球大部分医疗保健系统问题的能力。"[15]

为了30世纪进行地貌改造

改造这颗红色星球的愿景——将它变成一个类似地球的环境以支持人类生活，已经催生了引人入胜的科幻小说以及包裹着科学外衣的故事。正如我们前面提到的，火星一开始和地球一样，有海洋、河流和厚厚的大气层。不过很久以前就发生了变化。而且鉴于我们现在所掌握的技术水平，很长一段时间内火星都没法恢复原样。这句话可不是在给火星先驱者们泼冷水，而是要告诉他们，随身携带的食物和羽绒被将是很长一段时间内的必需品——比如1 000年或更长时间。

我们希望我们对地貌改造时间表的预测能被视为一个挑战：我们希望先驱者们证明我们错了。开发地貌改造的技术也同样可以造福地球上数以百万计的人，他们生活在不宜居住的地区或无法耕种的沙漠附近。

下面给出的改造火星地貌的步骤顺序只是抛砖引玉。乔尔·莱文曾为美国国家航空航天局的探索工作（包括6次成功的火星任务）辛勤付出了41年，也是他列出了这些最终完成火星地貌改造的步骤顺序。[16]关键词是"最终"，但某种程度上讲，这取决于你认知中的未来有多远。

1.在太空中建造一个大型太阳能反射器，运用太阳辐射对火星表面加热。这一步骤的目标是释放大量冻结的水和二氧化碳。二氧化碳是一种温室气体。现在我们地球上二氧化碳太多了，所以有许多活动家咆哮着要我们减少二氧化碳排放量以缓解气候变化。然而，如果我们想促进火星上的气候变化以使其变暖，那么释放二氧化碳就符合我们的目的。

2.在火星表面种植可以进行光合作用的植物，将二氧化碳转化为氧气，供我们呼吸。什么样的植物可以做到这点呢？嗯，绿色植物都可以。

3.形成臭氧层。随着氧气在大气中变得越来越普遍，通过紫外线辐射所带来的自然化学反应形成火星臭氧层。

4.制造液态水。适合人类居住的温暖而浓厚的大气层的形成，意味着火星上火山口冰和其他冻结水源的融化。我们必须成为海洋和湖泊的管家。

在火星上定居是一项伟大而绚丽的挑战。我们完成这一挑战所需做到的事也是我们目前在地球上可以且应该做的事。

参考文献

绪论

1. Robert Lee Hotz, "A Hidden Hero of Apollo 11: Software," *The Wall Street Journal,* July 15, 2019, B2.

第1章

1. Michael Silver, "China's Dangerous Monopoly on Metals," *The Wall Street Journal*, April 16, 2019.

2. Neil DeGrasse Tyson, *Space Chronicles: Facing the Ultimate Frontier* (New York: W. W. Norton, 2012), p. 72.

3. Max Kleiber, "Animal Food for Astronauts," paper presented at the Conference on Nutrition in Space and Related Waste Problems, sponsored by the National Aeronautics and Space Administration and the National Academy of Sciences with the cooperation of the University of South Florida, Tampa, FL, April 27–30, 1964, p. 311.

4. Interview with Scott Tibbitts, November 5, 2019.

5. Theodore Tibbitts, R. Bula, R. Corey, and R. Morrow, "Cultural Systems for Growing Potatoes in Space," *Acta Horticulurae* 230 (1988): 287–9, accessed at https://www.ncbi.nlm.nih.gov/pubmed/11539774.

6. Email from Michael Dobson, December 5, 2019, based on his blog post from August 2, 2018.

7. Charles Fishman, "The Improbable Story of the Bra-maker Who Won the Right to Make Astronaut Spacesuits," *Fast Company*, July 15, 2019., accessed at https://www.fastcompany.com/90375440/the-improbable-story-of-the-bra-maker-who-won-the-right-to-make-astronaut-spacesuits.

8. Brandon Holveck, "Apollo 11 Space Mission: How Delaware Companies Made the Moon Landing Possible," *Delaware News Journal,* July 12, 2019, accessed at https://www.delawareonline.com/story/news/2019/07/12/moon-landing-how-delaware-helped-make-apollo-11-mission-possible/1684954001/.

9. Interview with Robert Alan Eustace, PhD, who made the highest-altitude skydive in history, November 14, 2019.

10. Interview with Robert Alan Eustace.

11. Interview with Robert Alan Eustace.

12. "The Stratosphere—Overview," UCAR Center for Science Education, accessed at https://scied.ucar.edu/shortcontent/stratosphere-overview.

13. Interview with Robert Alan Eustace.

14. "Suited for Space," a DuPont-Sponsored Exhibition on Extended Tour, accessed at https://www.dupont.com/products-and-services/personal-protective-equipment/articles/suited-for-space.html.

15. Tereza Pultarova, "No More Dirty Clothes! NASA Plans to Develop First Washing Machine in Space," *Space Safety Magazine*, December 2, 2011, accessed at http://www.spacesafetymagazine.com/spaceflight/life-in-orbit/dirty-clothes-nasa-plans-introduce-washing-machine-space/.

16. "Gateway Program Module(s) Continued use of NextSTEP-2 Broad Agency Announcement (BAA) Appendix A," issued by the National Aeronautics and Space Administration, Johnson Space Center Office, July 19, 2019.

17. Ioana Cozmuta, PhD, Science and Technology Corporation; Daniel Rasky, PhD, NASA ARC; Lynn Harper, NASA ARC; Robert Pittman, Lockheed-Martin, *Microgravity-Based Commercial Opportunities for Material Sciences and Life Sciences: A Silicon Valley Perspective*, Space Portal Level 2 Emerging Space Office

NASA Ames Research Center, May 2014, accessed at https://www.nasa.gov/sites/default/files /ioana_hq_spaceportal_presented1.pdf.

18. Peter Rejcek, "Research in Zero Gravity: 6 Wild Projects on the International Space Station," SingularityHub, December 5, 2018, accessed at https://singularityhub .com/2018/12/05/research-in-zero-gravity-6-cool-projects-from-the-international-space-station/.

19. Peter Rejcek, "Research in Zero Gravity."

20. Luis Zea, Ph.D., ISS360: The ISS National Lab Blog, accessed at https://www.issnationallab.org/blog/fighting-cancer-with-microgravity-research/.

21. "America at the Threshold: Report of the Synthesis Group on America's Space Exploration Initiative," US Government Printing Office, Washington, D.C., 1991," p. 66.

22. Haylie Kasap, "The Race to Manufacture ZBLAN," *Upward: Magazine of the ISS National Lab*, October 19, 2019, accessed at https://upward.issnationallab.org/the-race-to-manufacture-zblan/.

23. Sarah Lewin, "Making Stuff in Space: Off-Earth Manufacturing Is Just Getting Started," Space, May 11, 2018, accessed at https://www.space.com/40552-space-based-manufacturing-just-getting-started.html.

24. "Ted Cruz: 'The first trillionaire will be made in space," Politico, June 1, 2018. Accessed at https://www.politico.com/story/2018/06/01/ted-cruz-space-first-trillionaire-616314.

25. Leonard David, "Is Asteroid Mining Possible? Study Says Yes, for $2.6 Billion," Space Insider, April 24, 2012, accessed at https://www.space.com/15405-asteroid-mining -feasibility-study.html.

26. "Most Valuable Asteroids in the Asteroid Belt Based on Mineral and Element Content," Statistica, last edited November 2, 2016, accessed at https://www.statista.com/statistics/656143/mineral-and-element-value-of-selected-asteroids/.

27. Leonard David, "Is Asteroid Mining Possible?"

第2章

1. Richard Halloran, "The Sad, Dark End of the British Empire," *Politico,* August 26, 2014, accessed at https://www.politico.com/magazine/story/2014/08/the-sad-end-of-the-british-empire-110362

2. Richard Halloran, "The Sad, Dark End of the British Empire."

3. Erin Blakemore, "How the East India Company Became the World's Most Powerful Business," *National Geographic*, September 6, 2019, accessed at https://www.national geographic.com/culture/topics/reference/british-east-india-trading-company-most-powerful-business/.

4. Erin Blakemore, "How the East India Company Became the World's Most Powerful Business."

5. Jeremy Hsu, "Don't Panic about Rare Earth Elements," *Scientific American*, May 31, 2019, accessed at https://www.scientificamerican.com/article/dont-panic-about-rare-earth-elements/.

6. Charlotte McLeod, "10 Top Countries for Rare Earth Metal Production," *Rare Earth Investing News,* May 23, 2019, accessed at https://investingnews.com/daily/resource-investing/critical-metals-investing/rare-earth-investing/rare-earth-producing-countries/.

7. James Martin and Ian Sherr, "How Apple's Daisy iPhone Recycling Robot Works," C/NET, April 18, 2019; https://www.cnet.com/news/how-apples-daisy-iphone-recycling-robot-works/.

8. "Rare Earth Recycling," Energy.gov, accessed at https://www.energy.gov/science/bes/articles/rare-earth-recycling.

9. Iris Bruijn, *Ships Surgeons of the Dutch East India Company: Commerce and the Progress of Medicine in the Eighteen Century* (Rapenburg, Netherlands: Leiden University Press, 2009), p. 15.

10. Maryann Karinch, Telemedicine: *What the Future Holds When You're Ill* (New Horizon Press, 1994), Chapter 4.

11. Bernard Harris, MD, "Space Adaptation Syndrome and the Implications of Telemedicine," Presented at the May Telemedicine Symposium, October 1993.

12. Bernard Harris, "Space Adaptation Syndrome and the Implications of Telemedicine."

13. Interview with Jay Sanders, MD, "The Father of Telemedicine," October 19, 2019.

14. "Attached," *Star Trek: The Next Generation*, original airdate November 8, 1993; written by Nick Sagan.

第3章

1. Interview with Scott Tibbitts.

2. Interview with Angel Abbud-Madrid, PhD, Director, Center for Space Resources of Colorado School of Mines, October 30, 2019.

3. "List of small business grants in the UK," Entrepreneur Handbook, September 19, 2019, accessed at https://entrepreneurhandbook.co.uk/grants-loans/.

4. The National Academies Press, SBIR at NASA (2016), Chapter: 4 SBIR Awards, accessed at https://www.nap.edu/read/21797/chapter/6.

5. SBIR × STTR Award Information. Accessed at https://www.sbir.gov/sbirsearch /award/all?page=17&f%5B0%5D=im_field_agencies%3A105737&f%5B1%5D=itm_field_award_yr%3A2018&solrsort=fts_field_award_amt%20desc.

6. Scott Tibbitts, "Entrepreneurial Space Companies: Lessons Learned from Those That Have Survived and Thrived," remarks prepared for and presented during the 59th annual Aerospace Conference in Glasgow, Scotland, 2008.

7. Interview with Chris McCormick, founder of Broad Reach, now Chairman and Co-founder of PlanetiQ, November 7, 2018.

8. Interview with Chris McCormick.

9. Scott Tibbitts, "Entrepreneurial Space Companies: Lessons Learned from Those That Have Survived and Thrived."

10. https://www.spacebandits.io/startups.

11. Interview with Scott Tibbitts.

12. From the as-yet unpublished work by Scott Tibbitts, tentatively titled *From the Garage to Mars*.

13. Archived footage of the Mars Exploration Rover's New Briefing, NASA's Jet Propulsion Laboratory, California Institute of Technology, 9:30 PM PST, January 3, 2004.

14. Archived footage of the Mars Exploration Rover's New Briefing, January 3, 2004.

15. Scott Tibbitts, *From the Garage to Mars*.

16. Interview with Eric Anderson, President and COO, SEAKR Engineering, November 14, 2019.

17. *PC Magazine*'s encyclopedia defines bubble memory as "an early non-volatile magnetic storage device…bubble memory was about as fast as a slow hard disk but it held its content without power. As hard disks greatly improved in the 1980s, bubble memory was abandoned even though it was well suited for rugged applications," accessed at https://www.pcmag.com/encyclopedia/term/39006/bubble-memory

18. Interview with Eric Anderson.

19. Interview with Eric Anderson.

20. Interview with Brian Sanders, co-founder and Vice President of Space Systems, Orbital Micro Systems, November 15, 2019.

21. Landsat Science, accessed at https://landsat.gsfc.nasa.gov/

22. Interview with Brian Sanders.

23. Interview with Brian Sanders.

24. Interview with Chris McCormick.

25. Pamela G. Hollie, "Union Oil Successes Scarcer in Indonesia," *The New York Times*, January 19, 1981.

第4章

1. "Where Today Are the Apollo 17 Goodwill Moon Rocks?" CollectSpace. com, accessed at http://www.collectspace.com/resources/moonrocks_ goodwill.html.

2. Alexander Hamilton, General Introduction to what became known as *The Federalist Papers*, initially published anonymously in the Independent Journal, October 1787, accessed at https://www. congress.gov/resources/display/content/The+Federalist+Papers#TheF ederalistPapers-1.

3. "Treaty on Principles Governing the Activities of States in the Exploration and Use of Outer Space, Including the Moon and Other Celestial Bodies," *United Nations Treaties and Principles on Outer Space* (New York: United Nations, 2002), p. 11, accessed at http:// www.unoosa.org/pdf/publications/STSPACE11E.pdf.

4. "Title IV—Space Resource Commercial Exploration And Utilization," US Commercial Space Launch Competitiveness Act," PUBLIC LAW 114–90—NOV. 25, 2015, § 51302, accessed at https:// www.congress.gov/114/plaws/publ90/PLAW-114publ90.pdf.

5. D. A. Broniatowski, G. Ryan Faith, and Vincent G. Sabathier, "The Case for Managed International Cooperation in Space Exploration," International Space Exploration Update, Center for Strategic and International Studies, Washington, D.C., 2006, accessed at https:// web.mit.edu/adamross/www/BRONIATOWSKI_ISU07.pdf.

6. Nathan C. Goldman, *American Space Law: International and Domestic* (Ames: Iowa State University Press, 1988), p. vii.

7. Nathan C. Goldman, *American Space Law*, p. vii.

8. "The Missile Technology Control Regime at a Glance," Arms Control Association, July 2017, accessed at https://www.armscontrol.org/factsheets/mtcr.

9. Debra Werner, "The Torture of CFIUS," Space News, October 7, 2019, pp. 16–17.

10. Amy Thompson, "Traffic Jams from Satellite Fleets Are Imminent—What It Means for Earth," *Observer*, September 5, 2019, accessed at https://observer.com/2019/09/satellite-space-congestion-spacex-starlink-esa-aeolus/#:~:text=Aeolus%20launched%20in%20August%202018,in%20May%20of%20this%20year.

11. See https://www.iso.org/ics/49.140/x/.

12. Sandra Erwin, "U.S. Space Command Eager to Hand Over Space Traffic Duties to Commerce Department," *Space News*, November 17, 2019, accessed at https://spacenews.com/u-s-space-command-eager-to-hand-over-space-traffic-duties-to-commerce-department/.

13. Madhu Thangavelu, "A U.S. Department of Space?" *Space News*, July 4, 2012, accessed at https://spacenews.com/us-department-space/.

第5章

1. Avni Shah, "Space or Nothing: How USC Sent the First Student-Built Rocket to Outer Space," *USC Viterbi*, Fall 2019, p. 43.

2. Gwynne Shotwell, "SpaceX's Plan to Fly You Across the Globe in 30 Minutes," TED Talk, April 2018, accessed at https://www.ted.com/talks/gwynne_shotwell_spacex_s_plan_to_fly_you_across_the_globe_in_30_minutes?language=en.

3. *"Chandrayaan-2: Failure is part of the 'Big Game,' Shouldn't Discourage the Science Community, Says NASA-JPT CTO,"*

Technology News, December 16, 2019, accessed at https://www. firstpost.com/tech/science/chandrayaan-2-failure-is-part-of-the-big-game-shouldnt-discourage-the-science-community-says-nasa-jpl-cto-7788351.html.

4. Interview with Blaine Pellicore, Vice President of Defense for Ursa Major Technologies, November 12, 2019.

5. Christian Davenport, "After 2016 Rocket Explosion, Elon Musk's SpaceX Looked Seriously at Sabotage," *The Washington Post*, February 26, 2018, accessed at https://www.washingtonpost.com/news/the-switch/wp/2018/02/26/after-2016-rocket-explosion-elon-musks-spacex-looked-seriously-at-sabotage/.

6. Interview with Blaine Pellicore.

7. Brian Fishbine, Robert Hanrahan, Steven Howe, Richard Malenfant, Carolynn Scherer, Haskell Sheinberg, and Octavio Ramos Jr., "Nuclear Rockets: To Mars and Beyond," *National Security Science* I (2011), Los Alamos National Laboratory, accessed at https://www. lanl.gov/science/NSS/issues/NSS-Issue1-2011.pdf.

8. Interview with Blaine Pellicore.

9. Kaitlyn Johnson, "What Does the Trump Administration's New Memorandum Mean for Nuclear-Powered Space Missions?" Center for Strategic & International Studies, August 28, 2019, accessed at https://www.csis.org/analysis/what-does-trump-administrations-new-memorandum-mean-nuclear-powered-space-missions.

10. Jeff Foust, "'What the Hell Happened?': The Rise and Fall of Suborbital Space Tourism Companies," Space News, June 13, 2017, accessed at https://spacenews.com/what-the-hell-happened-the-rise-and-fall-of-suborbital-space-tourism-companies/.

11. See Reaction Engines homepage at https://www.reactionengines. co.uk/.

12. Jon Kelvey, "Into the Future at 6,000 MPH," Air & Space, January

2020, p. 31.

13. Jon Kelvey, "Into the Future at 6,000 MPH," p. 33.

14. Jon Kelvey, "Into the Future at 6,000 MPH," p. 31.

15. Robotics Systems, Jet Propulsion Laboratory, California Institute of Technology, accessed at https://www-robotics.jpl.nasa.gov/systems/system.cfm?System=11.

16. Interview with Don Pickering, CEO, Olis Robotics, December 2, 2019.

17. Interview with Don Pickering.

18. Mike Wall, "President Obama's Space Legacy: Mars, Private Spaceflight and More," Space.com, January 20, 2017, accessed at https://www.space.com/35394-president -obama-spaceflight-exploration-legacy.html.

第6章

1. Interview with Luis Zea, PhD, Assistant Research Professor—Bionautics at BioServe Space Technologies, a research institute within the University of Colorado in Boulder, Colorado, October 13, 2019.

2. Interview with Twyman Clements, co-founder and CEO of Space Tango, October 28, 2019.

3. "Budweiser Takes Next Step to Be the First Beer on Mars," Anheuser-Busch, November 21, 2017, accessed at https://www.anheuser-busch.com/newsroom/2017/11/budweiser-takes-next-step-to-be-the-first-beer-on-mars.html.

4. Interview with Twyman Clements.

5. Twyman Clements, as quoted in "Space Tango Announces Launch of LambdaVision Retinal Implant Manufacturing Payload on SpaceX CRS-16," December 5, 2018, accessed at https://spacetango.com/

space-tango-announces-launch-of-lambdavision-retinal-implant-manufacturing-payload-on-spacex-crs-16/.

6. Interview with Twyman Clements.

7. Interview with Twyman Clements.

8. Interview with Luis Zea.

9. Interview with Luis Zea.

10. Interview with Luis Zea.

11. Interview with Ken Podwalsky, Director Gateway, Canadian Space Agency, November 6, 2019.

12. Interview with Ken Podwalsky.

13. Prime Minister Justin Trudeau, tweeting on February 20, 2019, as quoted on Space .com, March 1, 2019, accessed at https://www.space.com/nasa-lunar-gateway-canada-canadarm3-robot-arm.html.

14. See, for instance, Susanne Barton and Hannah Recht, "The Massive Prize Luring Miners to the Stars," Bloomberg, March 8, 2018, accessed at https://www.bloomberg.com/graphics/2018-asteroid-mining/. Cosmic Careers_FIN.indd 222 11/9/20 9:24 AM

15. Interview with Angel Abbud-Madrid.

16. Jacob Gershman, "Who Owns the Moon?," *The Wall Street Journal* Supplement "Apollo 11|50 Years Later," July 15, 2019, R4.

17. Korey Hanes, "Japanese Asteroid Mission Touches Down on Ryugu, Collects Sample," Astronomy.com, July 11, 2019, accessed at http://www.astronomy.com/news/2019/07/japanese-asteroid-mission-touches-down-on-ryugu-collects-sample.

18. Interview with Angel Abbud-Madrid.

19. Interview with Angel Abbud-Madrid.

20. Interview with Angel Abbud-Madrid.

21. A. A. Kamel, Ph.D. dissertation, Stanford University, 1969.

第7章

1. Gerard K. O'Neill on Habitat Design, Space Studies Institute archives, 1981, accessed at https://www.youtube.com/watch?v=eDS42C32xTU

2. Kyla Edison, Geology & Material Science Technical for the Pacific International Space Center for Exploration Systems (PISCES), "Homesteading New Worlds," *ad Astra*, 2019-3, p. 44.

3. Kyla Edison, "Homesteading New Worlds."

4. Kyla Edison, "Homesteading New Worlds," p. 47.

5. Fred Scharmen, "Jeff Bezos Dreams of a 1970s Future," *CityLab*, May 13, 2019, accessed at https://www.citylab.com/perspective/2019/05/space-colony-design-jeff-bezos-blue-origin-oneill-colonies/589294/.

6. Michelle A. Ricker and Shelby Thompson, "Developing a Habitat for Long Duration, Deep Space Missions," NASA Technical Reports, FLEX-2012.05.3.8x12222, accessed at https://ntrs.nasa.gov/archive/nasa/casi.ntrs.nasa.gov/20120008183.pdf.

7. Elizabeth Howell, "NASA Will Test 5 Habitat Designs for Its Lunar Gateway Space Station," Space.com, April 5, 2019. Accessed at https://www.space.com/nasa-lunar-gateway-habitat-designs-testing.html.

8. "NASA Selects Two New Space Tech Research Institutes for Smart Habitats," April 8, 2019, accessed at https://www.nasa.gov/press-release/nasa-selects-two-new-space-tech-research-institutes-for-smart-habitats.

9. "NASA Selects Two New Space Tech Research Institutes for Smart Habitats."

10. Sherry Stokes, "A Smarter Habitat for Deep Space Exploration," Phys.org, September 25, 2019, accessed at https://phys.org/news/2019-09-smarter-habitat-deep-space-exploration.html.

11. "Exploring Life-Enhancing Built Environments," USC Viterbi School of Engineering Newsletter, Fall 2019.

第8章

1. Adam Rogers, "Space Tourism Isn't Worth Dying For," *Wired*, October 31, 2014, accessed at https://www.wired.com/2014/10/virgin-galactic-boondoggle/.

2. See https://wttc.org/.

3. Glenn Research Center, NASA.gov; https://www.nasa.gov/centers/glenn/events/tour_zgf.html; https://www.gozerog.com/index.cfm?fuseaction=Experience.welcome

4. See https://www.gozerog.com/.

5. "Roscosmos and Space Adventures Sign Contract for Orbital Space Tourist Flight," Spaceadventures.com, press release, February 19, 2019, accessed at https://space adventures.com/roscosmos-and-space-adventures-sign-contrat-for-orbital-space-tourist-flight/.

6. "The First Ever Space Hotel—Galactic Suite the Outer Space Resort," Design Build Network, accessed at https://www.designbuild-network.com/projects/galactic-suite/.

7. Emily Clark, "Holiday in Orbit: Glactic Suite Space Resort Opening in 2012," New Atlas, August 22, 2007, accessed at https://newatlas.com/holiday-in-orbit-galactic-suite-space-resort-opening-2012/7811/.

8. Jeff Foust, "'What the Hell Happened?'"

9. Interview with Art Thompson, co-founder and Vice President of Sage Cheshire Aerospace, November 20, 2019.

10. Samantha Mathewson, "XCOR 'Space Tourists' Push for Ticket Refunds: Report," Space.com, January 5, 2019, accessed at https://www.space.com/42912-xcor-aerospace-ticket-holders-request-refund.html.

11. Samantha Mathewson, "XCOR 'Space Tourists' Push for Ticket Refunds: Report."

12. Samantha Mathewson, "XCOR 'Space Tourists' Push for Ticket Refunds: Report."

13. Interview with Art Thompson.

14. Interview with Art Thompson.

15. The Golden Spike Company media kit, accessed at https://media. boingboing.net/wp-content/uploads/2012/12/GSC-Officers_ Advisors_Partners.pdf.

16. Ruqayyah Moynihan and Thomas Giraudet, "Richard Branson Wants Virgin Galactic to Send People to Space Every 32 Hours by 2023," *Business Insider,* September 10, 2019, accessed at https:// www.businessinsider.com/branson-virgin-galactic-people-space-every-32-hours-2019-9.

17. Michael Goldstein, "Virgin Galactic: From Space to the Stock Market," Forbes, October 30, 2019, accessed at https://www.forbes. com/sites/michaelgoldstein/2019/10/30/virgin-galactic-from-space-to-the-stock-market/#604cf7297b08.

18. Zhao Lei, "Space Tourism Just Around the Corner, Rocket Maker Says," *The Telegraph,* July 25, 2018, accessed at https://www. telegraph.co.uk/china-watch/technology/space-tourism/.

19. "Space Tourism: 5 Companies That Will Make You an Astronaut," Revfine, accessed at https://www.revfine.com/space-tourism/; https://www.boeing.com/space/starliner/.

20. See https://www.boeing.com/space/starliner/.

21. Duncan Madden, "Mankind's First Space Hotel Is Coming in 2021—Probably," Forbes, March 9, 2018, accessed at https://www. forbes.com/sites/duncanmadden/2018/03/09/mankinds-first-space-hotel-is-coming-in-2021-probably/#783988195bed.

22. "Space Tourism: 5 Companies That Will Make You An Astronaut."

23. Title 14: Aeronautics and Space; Part 460 Human Space Flight Requirements; Subpart B—Launch and Reentry with a Space Flight Participant.

第9章

1. Robert Zubrin, *The Case for Space* (Amherst, NY: Prometheus Books, 2019), p. 101.
2. Jim Bridenstine, NASA Administrator, in an interview with C-SPAN, July 12, 2019, accessed at https://www.c-span.org/video/?462496-1/newsmakers-jim-bridenstine.
3. Jim Bridenstine, NASA Administrator in an exchange recorded by C-SPAN, July 19, 2019, accessed at https://www.c-span.org/video/?462853-1/president-trump-meets-apollo-11-astronauts.
4. Mike Wall, "Bill Nye: It's Space Settlement, Not Colonization," Space.com, October 23, 2019, accessed at https://www.space.com/bill-nye-space-settlement-not-colonization.html?utm_source=notification. Cosmic Careers_FIN.indd 224 11/9/20 9:24 AM
5. Interview with Angel Abbud-Madrid.
6. Joel Anderson, "Here's How Much It Would Really Cost to Build a Moon Colony," Yahoo! Finance, September 13, 2019, accessed at https://finance.yahoo.com/news /much-really-cost-build-moon-184949330.html
7. Leonard David, *Moon Rush: The New Space Race* (Washington, D.C.: National Geographic, 2019), p. 96.
8. Interview with Luis Zea.
9. "Technology Readiness Level (TRL)," AcqNotes, accessed at http://acqnotes.com/acqnote/tasks/technology-readiness-level.
10. Ioana Cozmuta, PhD, Science and Technology Corporation; Daniel Rasky, PhD, NASA ARC; Lynn Harper, NASA ARC; Robert

Pittman, Lockheed-Martin, *Microgravity-Based Commercial Opportunities for Material Sciences and Life Sciences: A Silicon Valley Perspective*, Space Portal Level 2 Emerging Space Office NASA Ames Research Center, May, 2014, accessed at https://www.nasa.gov/sites/default/files/ioana_hq_spaceportal_presented1.pdf.

11. Cozmuta et al, *Microgravity-Based Commercial Opportunities for Material Sciences and Life Sciences*, p. 5.

12. Cozmuta et al, *Microgravity-Based Commercial Opportunities for Material Sciences and Life Sciences*.

13. "Aretech's ZeroG Used in Research to Help Restore the Ability to Walk Following Spinal Cord Injury," *Neuroscience News*, September 24, 2015, accessed at https://www.aretechllc.com/2015/09/zerog-used-in-research-to-help-restore-the-ability-to-walk-following-spinal-cord-injury/.

第10章

1. Joel Levine, PhD, "The Exploration and Colonization of Mars: Why Mars? Why Humans?" TEDxRVA, July 31, 2015, accessed at https://www.youtube.com/watch?v=YzhSmnGcSkE.

2. Joel Levine, "The Exploration and Colonization of Mars: Why Mars? Why Humans?"

3. Bas Lansdorp at TEDxDelft, "Getting Humanity to Mars," November 5, 2012. Accessed at https://www.youtube.com/watch?v=qnWcYnyvkBo.

4. Rebecca Boyle, "Elon Musk's Boldest Announcement Yet: In a Gorgeous New Video, the SpaceX CEO Lays Out His Vision for a Human Civilization on Mars," *The Atlantic,* September 27, 2017, accessed at https://www.theatlantic.com/science/archive /2016/09/elon-musk-mars/501794/.

5. Boeing CEO Dennis Muilenburg in an interview with Jim Cramer, *Mad Money with Jim Cramer,* CNBC, December 7, 2017, accessed at https://www.cnbc.com/video/2017/12/07/boeing-ceo-talks-trump-taxes-tesla-growth-and-more.html.

6. Bas Lansdorp at TEDxDelft, "Getting Humanity to Mars."

7. Sarah Baatout, PhD, Director of the Radiation Unit, Belgian Nuclear Research Center, "How Can We Better Protect Astronauts From Space Radiation?" TEDxAntwerp, March 11, 2019, accessed at https://www.youtube.com/watch?v=e607t5AeIxk.

8. Sarah Baatout, "How Can We Better Protect Astronauts From Space Radiation?"

9. Matt Williams, "How Bad Is the Radiation on Mars?" Phys.Org, November 21, 2016, accessed at https://phys.org/news/2016-11-bad-mars.html.

10. "Real Martians: How to Protect Astronauts from Space Radiation on Mars," Moon to Mars, NASA.gov, September 30, 2015, accessed at https://www.nasa.gov /feature/goddard/real-martians-how-to-protect-astronauts-from-space-radiation-on-mars Cosmic Careers_FIN.indd 225 11/9/20 9:24 AM

11. Susie Neilson, "Mold from Chernobyl seems to feed on radiation, and new research suggests it could help protect astronauts in space," Business Insider, July 28, 2020, accessed at https://www.businessinsider.com/chernobyl-mold-protect-astronauts-from-radiation-in-space-2020-7.

12. Sarah Baatout, "How Can We Better Protect Astronauts From Space Radiation?"

13. Interview with Jay Sanders.

14. B. Yang, X. Fang, and J. Kong, "In Situ Sampling and Monitoring Cell-Free DNA of the Epstein-Barr Virus from Dermal Interstitial Fluid Using Wearable Microneedle Patches," *ACS Applied Materials*

and *Interfaces* 11 no. 42 (2019): 38448–38458. doi:10.1021/ acsami.9b12244.

15. Interview with Jay Sanders.

16. Joel Levine, "The Exploration and Colonization of Mars: Why Mars? Why Humans?"

后记

1. Interview with Angel Abbud-Madrid.

2. Jean Wright as quoted by Francis French, "A Suit for the Shuttle," *ad Astra*, 2019-3, p. 33.

3. Francis French, "A Suit for the Shuttle," p. 33.

附录A 本书中与太空事业相关的职业示例

航空复合材料师	机器学习工程师
技术员	机械工程师
航空工程师	冶金师
考古学家	微生物学家
宇航员	纳米技术工程师
航空电子工程师	核物理学家
航空电子技术员	有机化学家
研究熊的生物学家	药理学家
化工工程师	医师
土木工程师	飞行员
电脑科学家	公共服务专家
环保主义者	放射科医师
太空化学家	遥感科学家
策展人	机器人设计师
能源经理人	机器人操作员
人体工学设计师	专业缝纫师
展品设计师	软件工程师
遗传学家	社会科学家
地质学家	太空碎片收集者
重型设备操作员	宇航服装配工
园艺家	远程医疗协调员

附录B 术语

增材制造。3D打印。

生物航天学。研究太空飞行对生命体的影响。

生物开采。使用细菌从风化层提取资源。

碳质小行星。含有大量水的岩石小行星。

陨石球粒。一些科学家认为陨石中嵌入的微小球体是行星和卫星的组成部分。

地月空间。地球和月球或月球轨道间的区域。

太空化学家。探索球粒和宇宙其他化学成分之谜以及探究宇宙正在发生的变化的人。

宇宙射线。粒子加速到接近光速，从银河系中的其他恒星或其他星系射入太阳系。

原位资源利用。采集、加工并利用当地资源，而非从地球进口。

电离辐射。具有足够能量的辐射，可在其通过的生物体或材料中引起电离。

卡门线。地球大气层及其外层的一条假想分界线，位于海拔330 000英尺处，被认为是外层空间的起点。

拉格朗日平动点。两个天体（例如地球和月球）之间的一个点,两个天体的引力在该点相互抵消,这些点上的物体能保持相对静止。

微陨石。颗粒大小范围在50微米到2毫米,在进入地球大气层后仍然能保留下来,通常在沉积物中发现。

光学开采。使用光来进行钻孔。

铂族金属。一族金属,通常是指铂、钌、钯、锇、铑和铱,这些元素通常在同一矿床中发现。

风化层。覆盖固体岩石的松散材料层;指覆盖在月球和火星表面上的物质。

遥感。使用人造卫星来分析地球、其他卫星和行星的特征。

信号延迟。从输入信号到另一端接收信号之间的延迟时间。

烧结。将材料置于高温下使其凝结,类似于烤蛋糕。

太阳粒子事件。包含高能粒子的风暴。

太阳风。低能粒子的连续流动。

平流层。地球大气的第二层,位于对流层和中间层之间,从海拔6英里延伸到32英里。

超导体。几乎没有电阻的金属。

技术准备水平。以1~9的等级衡量技术成熟度的系统;其中9级表示已为市场做好准备。

远程医疗。不同地点的医务人员之间进行通信,通常用于诊断或治疗目的。

地貌改造。将一个地区变成类似地球的环境以支持人类生活。

挥发物。氮、水、二氧化碳、氨、氢、甲烷和二氧化硫：帮助维持人类生命所需的成分，在月球和火星上均有发现。

后记　太空是我们的家园

有些人从小就仰望星空，梦想着扶摇直上、翱翔、触及天体。还有些人的职业轨迹和兴趣从逻辑上将他们引向太空。对这两种人而言，太空是我们的家园——我们熟悉的地方、区域。

现在，太空还是一个充满危险的地方。需要具备一定技能和适应能力的人才能进入太空，这些人向我们展示了与太空相关的职业是如何蓬勃发展的。

在众多与我们交谈的人中，安赫尔·阿布德-马德里的人生历程是有代表性的，这些人进入大学、公司和政府内部进行太空研究工作。这种历程始于梦想和好奇心，并且不管别人说什么，都能保持初心。

在阿波罗计划时代，安赫尔·阿布德-马德里在墨西哥长大，他梦想在太空领域工作，但是美国和苏联在太空竞赛中占据了主导地位。在来到美国攻读工程学硕士学位之前，他看不到实现梦想的机会。他遇到了一位教授，教授问他："你想从事与太空相关的工作吗？"阿布德-马德里抓住了这个机会。

他问："我能做什么？"

"我们会让你参与一个模拟低重力地球的项目。"将实验带到空间站是很昂贵的，因此，相关实验要尽可能经济高效地在地

球上进行。模拟压力和温度没有太大的困难，但模拟重力是另一
回事。当时，阿布德–马德里不得不在只能提供5秒无重力环境时
间的落塔中进行实验，但他需要的时间更长。可行的选择有建造
一座更高的建筑物，或者进入一架上升到30 000英尺的高空后突然
下降到10 000英尺的飞机。在坠落期间，他可以在没有重力影响
的情况下观察他的实验结果。为了追求太空事业，他经历的"坠
落"可不是几十次而已，而是可能超过1 000次。

"我吐过，但习惯了。"

后来他有机会在航天飞机和空间站上进行实验。

安赫尔·阿布德–马德里现在是科罗拉多矿业学院太空资源中
心的主任。从墨西哥奇瓦瓦州到美国新泽西州再到太空，这是一
段伟大而漫长的人生旅程。[1]

和安赫尔·阿布德–马德里不同，让·莱特（Jean Wright）一
开始并没有从事太空事业。她从7岁开始缝纫。长大后，她成为一
名裁缝。[2]然后在2005年，她在当地报纸上看到一篇关于佛罗里达
肯尼迪航天中心的一个团队的文章，该团队在为宇航员提供防护
方面发挥着至关重要的作用。该团队在航天中心的热防护系统设
施中为航天飞机缝合热保护层。将玻璃纤维和陶瓷织物制成救生
面板所需的手工缝纫量让她感到惊讶——这让她发现了一个千载
难逢的机会。

她从一家服装店的裁缝变成了航空航天复合材料技术员，

加入了一个自称为"缝纫姐妹"的18人小组。她们为航天飞机和"猎户座"航空电子设备建造和修理热保护飞行设备和降落伞。

我们在外层用的织物越多、陶瓷越少，航天飞机就越轻。我们通过这些缝纫层减轻了大量重量，让航天飞机使用更少的燃料并携带更多的有效载荷，如卫星与科学实验相关的物品……[3]

该团队还制作了包裹发动机的大型隔热毯。要想将这些用于飞行的隔热毯连接起来，需要手工缝合并使用一种名为依科内尔625（Iconel 625）的金属，这种金属是一种镍基耐高温合金。

在最后一次航天飞机任务结束前，莱特在这个岗位上工作了6年。虽然这听起来可能很乏味，但这份工作需要创造力和一丝不苟的精神。她也密切关注着影响自己工作的科学发展和相关机制。

从安赫尔·阿布德–马德里和让·莱特的例子中我们可以看出，要让太空成为我们的国家，必须得保持一丝不苟、思路敏捷。好奇心和内心的渴望能促使人寻找完成工作的最优解。

科学方法论的基础能培养人们在需求变化时思考问题和重新配置解决方案的能力。在快速转变发生的同时，创造性方法论能培养人的沟通和理解能力。

我们需要像安赫尔·阿布德–马德里和让·莱特这样的人，也需要艺术、人文和贸易领域的人士，这样才能让太空成为一个让我们感觉与自己息息相关且管理有方的社区。

　　归根结底，我们对太空探索的渴望其实与我们在地球上所享受的一切息息相关——太空探索带来的就业机会、商业发展、科学知识的扩展以及生活条件和健康水平的改善，这些都可以让地球上的生活更美好。我们也不要忘记太空能激发梦想和创造故事。我们当中的科学家和诗人都是太空冒险的重要组成部分。